똑똑한 **하루**

빅터
연산

**Chunjae
Makes
Chunjae**

▼

기획총괄	박금옥
편집개발	지유경, 정소현, 조선영, 최윤석,
	김장미, 유혜지, 남솔, 정하영
디자인총괄	김희정
표지디자인	윤순미, 심지현
내지디자인	이은정, 김정우, 퓨리티
제작	황성진, 조규영

발행일	2023년 10월 1일 초판 2023년 10월 1일 1쇄
발행인	(주)천재교육
주소	서울시 금천구 가산로9길 54
신고번호	제2001-000018호
고객센터	1577-0902

똑똑한 **하루**

빅터연산

지루하고 힘든 연산은 **OUT!**

쉽고 재미있는 **빅터연산으로 연산홀릭**

2·B

초등 2 수준

빅터 연산

단/계/별 학습 내용

빅터 연산
구성과 특징
2단계 B권

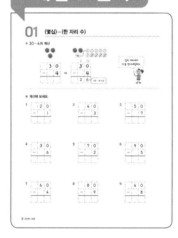

흥미

1 받아내림이 한 번 있는 뺄셈

만화로 흥미 UP
학습할 내용을 만화로 먼저 보면 흥미와 관심을 높일 수 있습니다.

개념 & 원리

01 (몇십)−(한 자리 수)

개념 & 원리 탄탄
연산의 원리를 쉽고 재미있게 확실히 이해하도록 하였습니다.
원리 이해를 돕는 문제로 연산의 기본을 다집니다.

정확성

15 집중 연산 ❷

집중 연산
집중 연산을 통해 연산을 더 빠르고 더 정확하게 해결할 수 있게 됩니다.

다양한 유형

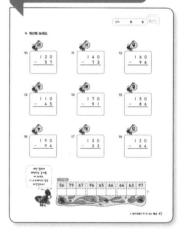

다양한 유형으로 흥미 UP
수수께끼, 연상퀴즈 등 다양한 형태의 문제로 게임보다 더 쉽고 재미있게 연산을 학습하면서 실력을 쌓을 수 있습니다.

Contents

차례

받아내림이 한 번 있는 뺄셈

학습내용

▶ (몇십)−(한 자리 수), (두 자리 수)−(한 자리 수)
▶ (몇십)−(두 자리 수), (두 자리 수)−(두 자리 수)
▶ 여러 가지 방법으로 뺄셈하기
▶ (백몇십)−(몇십)
▶ (백의 자리 숫자가 1인 세 자리 수)−(두 자리 수)

연산력 게임

스마트폰을 이용하여 QR을 찍으면 재미있는 연산 게임을 할 수 있습니다.

01 (몇십)−(한 자리 수)

✤ 30−4의 계산

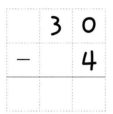 

	3	0
−		4

➡

	2	10
	3̶	0
−		4
	2	6

10−4=6

십의 자리에서
10을 받아내림해요.

● 계산해 보세요.

1

	2	0
−		1

2

	4	0
−		3

3

	5	0
−		7

4

	3	0
−		6

5

	7	0
−		2

6

	9	0
−		5

7

	6	0
−		4

8

	8	0
−		9

9

	4	0
−		8

● 계산해 보세요.

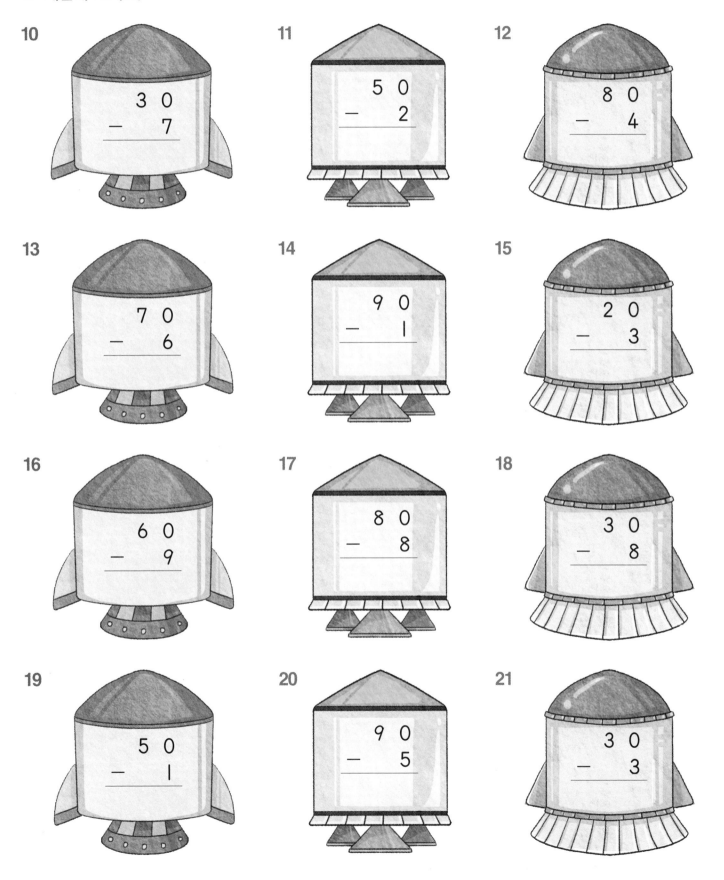

10
$$\begin{array}{r} 3\ 0 \\ -\quad 7 \\ \hline \end{array}$$

11
$$\begin{array}{r} 5\ 0 \\ -\quad 2 \\ \hline \end{array}$$

12
$$\begin{array}{r} 8\ 0 \\ -\quad 4 \\ \hline \end{array}$$

13
$$\begin{array}{r} 7\ 0 \\ -\quad 6 \\ \hline \end{array}$$

14
$$\begin{array}{r} 9\ 0 \\ -\quad 1 \\ \hline \end{array}$$

15
$$\begin{array}{r} 2\ 0 \\ -\quad 3 \\ \hline \end{array}$$

16
$$\begin{array}{r} 6\ 0 \\ -\quad 9 \\ \hline \end{array}$$

17
$$\begin{array}{r} 8\ 0 \\ -\quad 8 \\ \hline \end{array}$$

18
$$\begin{array}{r} 3\ 0 \\ -\quad 8 \\ \hline \end{array}$$

19
$$\begin{array}{r} 5\ 0 \\ -\quad 1 \\ \hline \end{array}$$

20
$$\begin{array}{r} 9\ 0 \\ -\quad 5 \\ \hline \end{array}$$

21
$$\begin{array}{r} 3\ 0 \\ -\quad 3 \\ \hline \end{array}$$

02 (두 자리 수)−(한 자리 수)

✦ 32−7의 계산

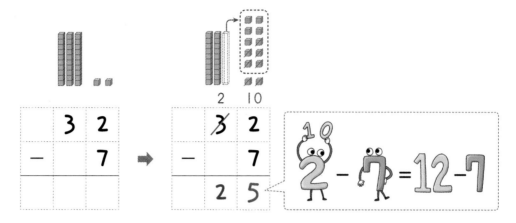

● 계산해 보세요.

1
```
    3  1
 -     6
```

2
```
    2  5
 -     8
```

3
```
    4  4
 -     9
```

4
```
    5  3
 -     5
```

5
```
    6  2
 -     7
```

6
```
    8  1
 -     4
```

7
```
    9  2
 -     3
```

8
```
    7  7
 -     9
```

9
```
    5  2
 -     8
```

● 퍼즐의 일부는 맞추어져 있고 일부는 아직 상자에 있습니다. 상자에는 퍼즐 조각이 모두 몇 개 남아
있는지 뺄셈식을 쓰고 계산해 보세요.

10   전체 조각 수

25조각

→7조각

$$25 - 7 = \boxed{}$$

11   36 조각

$$36 - 8 = \boxed{}$$

12   56 조각

$$\boxed{} - \boxed{} = \boxed{}$$

13   72조각

$$\boxed{} - \boxed{} = \boxed{}$$

14      64조각

$$\boxed{} - \boxed{} = \boxed{}$$

15      81조각

$$\boxed{} - \boxed{} = \boxed{}$$

03 (몇십)−(두 자리 수) (1)

✤ 40−12의 세로셈

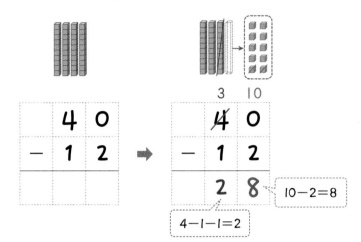

● 계산해 보세요.

1

```
   3 0
 − 1 2
```

2

```
   4 0
 − 3 6
```

3

```
   6 0
 − 2 5
```

4

```
   7 0
 − 4 8
```

5

```
   9 0
 − 6 3
```

6

```
   8 0
 − 5 4
```

7

```
   5 0
 − 3 7
```

8

```
   7 0
 − 6 1
```

9

```
   4 0
 − 1 9
```

● 마트에서 오늘 진열한 물건의 개수를 나타낸 표입니다. 보기 와 같이 오늘 하루 동안 팔린 물건의 개수를 보고 남은 물건의 개수를 구하세요.

	40개		80개
	40개		60개
	50개		90개
	30개		20개

보기

```
    4 0
 -  1 4
 ───────
    2 6
```

→14개
팔린 물건의 개수

10
49개

```
    8 0
 -  4 9
```

11
26개

12
37개

13
29개

14
58개

15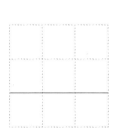
14개

16
13개

04 (몇십)−(두 자리 수) (2)

✚ 40−12의 가로셈

$$\overset{3\quad10}{\cancel{4}0} - 12 = 28$$

10−2=8

3−1=2

각 자리 수끼리
뺄셈을 해요.

● 계산해 보세요.

1 40−23=◻

  50−13=◻

  80−33=◻

2 70−41=◻

  30−17=◻

  60−25=◻

3 80−11=◻

  60−14=◻

  90−32=◻

4 50−29=◻

  60−48=◻

  80−15=◻

5 70−24=◻

  80−61=◻

  90−41=◻

6 30−11=◻

  50−16=◻

  90−43=◻

● 보기와 같이 계산 결과에 맞게 선을 그어 보세요.

보기
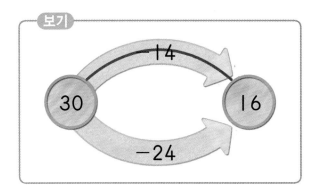

7
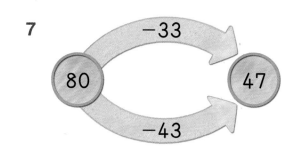

8
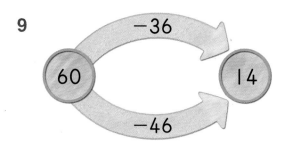

9
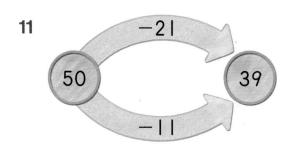

10
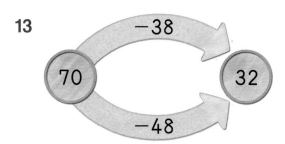

11

12

13

05 (두 자리 수)−(두 자리 수) (1)

✛ 42−14의 세로셈

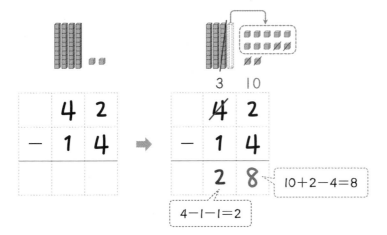

일의 자리 숫자끼리
뺄 수 없을 때에는
받아내림해요!

10+2−4=8

4−1−1=2

● 계산해 보세요.

1
```
   3 2
 − 1 5
```

2
```
   4 1
 − 1 6
```

3
```
   5 5
 − 3 9
```

4
```
   7 4
 − 2 5
```

5
```
   8 6
 − 7 8
```

6
```
   6 3
 − 2 8
```

7
```
   9 5
 − 4 7
```

8
```
   2 8
 − 1 9
```

9
```
   7 2
 − 2 6
```

● 동물들의 100 m 달리기 기록입니다. 보기와 같이 두 동물의 기록의 차를 구하세요.

→ 시간의 뺄셈도 자연수의 뺄셈과 같은 방법으로 계산해요.

보기

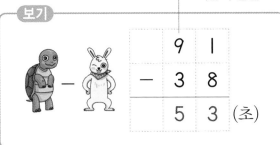

```
  9 1
- 3 8
  5 3  (초)
```

10

```
  8 3
- 3 8
      (초)
```

11

```
  6 5
      (초)
```

12

```
      (초)
```

13

```
      (초)
```

14
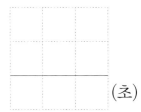

```
      (초)
```

15

```
      (초)
```

16

```
      (초)
```

06 (두 자리 수)−(두 자리 수) (2)

✚ 42−14의 가로셈

$$\overset{3}{\cancel{4}}\overset{10}{2} - 14 = 28$$

$10+2-4=8$

$3-1=2$

받아내림에 주의해요.

● 계산해 보세요.

1 36−19=☐

46−19=☐

56−29=☐

2 73−34=☐

45−28=☐

92−57=☐

3 71−33=☐

64−35=☐

96−39=☐

4 32−15=☐

77−28=☐

64−49=☐

5 23−16=☐

52−24=☐

66−37=☐

6 81−23=☐

91−59=☐

72−55=☐

● 승우와 친구들이 넘은 줄넘기 횟수입니다. 줄넘기 횟수의 차를 구하세요.

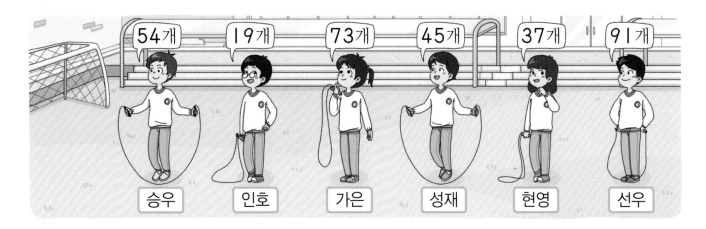

| 54개 | 19개 | 73개 | 45개 | 37개 | 91개 |
| 승우 | 인호 | 가은 | 성재 | 현영 | 선우 |

7 승우 − 인호

➡ 54 − 19 = ☐

8 승우 − 성재

➡ 54 − 45 = ☐

9 가은 − 성재

➡ ☐ − ☐ = ☐

10 가은 − 현영

➡ ☐ − ☐ = ☐

11 성재 − 인호

➡ ☐ − ☐ = ☐

12 선우 − 인호

➡ ☐ − ☐ = ☐

13 성재 − 현영

➡ ☐ − ☐ = ☐

14 선우 − 승우

➡ ☐ − ☐ = ☐

07 여러 가지 방법으로 뺄셈하기 (1)

✚ 34−29의 계산

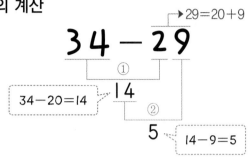

$34-29=34-20-9$
$\quad\quad\quad=14-9$
$\quad\quad\quad=5$

● 보기 와 같이 계산해 보세요.

보기

$$45 - 16$$
$$35$$
$$29$$

1 $28 - 19$
18

2 $53 - 36$
23

3 $70 - 51$

4 $61 - 25$

5 $80 - 47$

6 $43 - 25$

7 $90 - 11$

8 $32 - 14$

● 계산해 보세요.

9 4 1 - 2 5

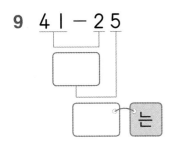 는

10 9 1 - 3 9

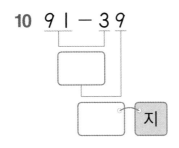 지

11 7 4 - 1 7

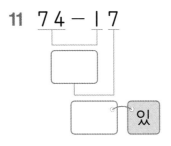 있

12 7 1 - 2 9

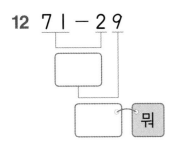 뭐

13 6 0 - 2 8

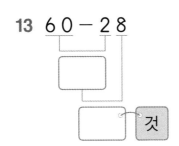 것

14 3 1 - 1 8

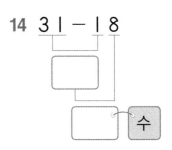 수

15 8 1 - 5 8

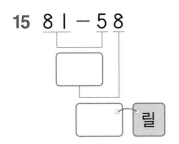 릴

16 7 2 - 3 9

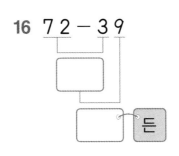 든

17 5 0 - 2 6

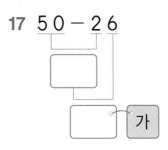 가

계산 결과에 맞는 글자를 찾아 빈칸에 알맞게 써넣어 보세요. 이 수수께끼의 답은 무엇일까요?

수수께끼

42	33	52		24	23		13		57	16	32

?

08 여러 가지 방법으로 뺄셈하기 (2)

✦ 34−29의 계산

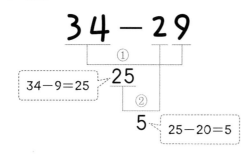

$$34-29=34-9-20$$
$$=25-20$$
$$=5$$

$34-9=25$

$25-20=5$

● 보기 와 같이 계산해 보세요.

보기

```
20 − 13
    17
      7
```

1
```
66 − 29
    57
```

2
```
41 − 33
    38
```

3
```
73 − 18
```

4
```
52 − 38
```

5
```
82 − 49
```

6
```
50 − 11
```

7
```
91 − 69
```

8
```
77 − 48
```

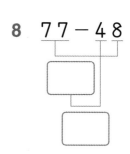

● 계산해 보세요.

9 6 1 − 2 8

□ 급

10 7 2 − 4 9

□ 장

11 4 3 − 1 7

□ 이

12 3 0 − 1 7

□ 은

13 8 4 − 3 9

□ 가

14 7 1 − 1 8

□ 높

15 8 1 − 3 7

□ 균

16 6 0 − 2 9

□ 계

17 9 5 − 6 8

□ 세

계산 결과에 맞는 글자를 찾아
빈칸에 알맞게 써넣어 보세요.
이 수수께끼의 답은 무엇일까요?

수수께끼

31	33	26	45	23	53	13	27	44
									?

09 두 자리 수끼리의 뺄셈

✤ 42-15의 계산

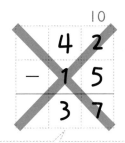

> 받아내림한 것을 잊고
> 십의 자리를 계산했어요!

> 받아내림한 수에 /표 하면
> 실수하지 않을 거예요.

● 계산해 보세요.

1
```
    3 0
 -  1 9
```

2
```
    8 0
 -  4 7
```

3
```
    9 0
 -  2 5
```

4
```
    6 2
 -  3 8
```

5
```
    9 1
 -  1 6
```

6
```
    4 3
 -  2 9
```

7
```
    7 5
 -  3 6
```

8
```
    4 7
 -  1 9
```

9
```
    8 6
 -  5 7
```

→사다리 타기는 줄을 타고 내려가다 가로로 놓인 선을 만나면 가로선을 따라 가요.

● 보기 와 같이 사다리를 타면서 뺄셈을 하여 빈칸에 알맞은 수를 써넣으세요.

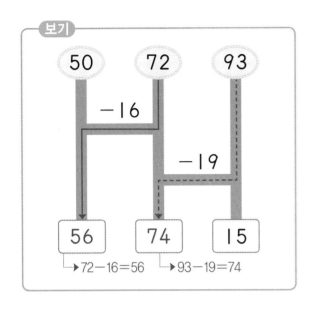

보기

50   72   93

−16

−19

56   74   15

→72−16=56   →93−19=74

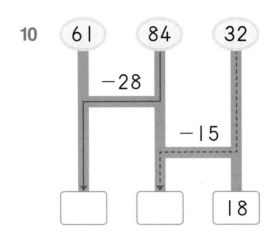

10   61   84   32

−28

−15

18

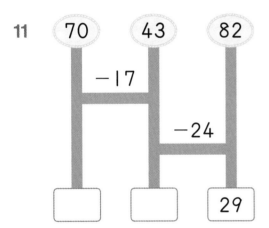

11   70   43   82

−17

−24

29

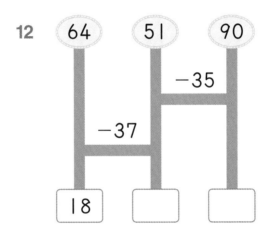

12   64   51   90

−35

−37

18

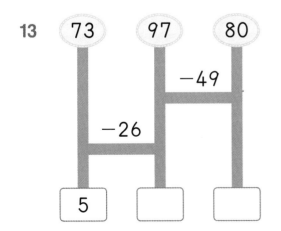

13   73   97   80

−49

−26

5

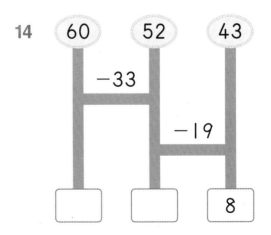

14   60   52   43

−33

−19

8

10 (백몇십)−(몇십)

✦ 120−50의 계산

$$120 − 50 = \underline{70}$$

12−5=7

12−5를 계산하고
0을 붙여 줘요.

● 계산해 보세요.

1 110−40=☐

150−90=☐

140−90=☐

2 160−70=☐

110−20=☐

110−50=☐

3 120−50=☐

120−80=☐

170−80=☐

4 150−80=☐

160−90=☐

130−60=☐

5 110−80=☐

120−60=☐

150−70=☐

6 130−80=☐

130−40=☐

180−90=☐

● 저금통에서 오른쪽 동전만큼 꺼냈을 때 저금통 안에 남아 있는 돈을 구하세요.

7

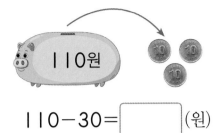

110−30=☐(원)

8

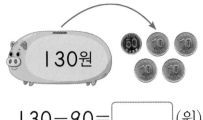

130−90=☐(원)

9

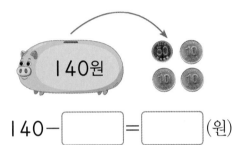

140−☐=☐(원)

10

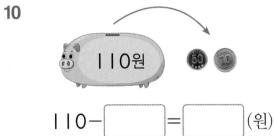

110−☐=☐(원)

11

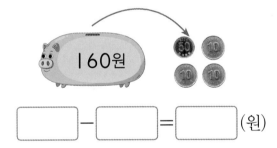

☐−☐=☐(원)

12

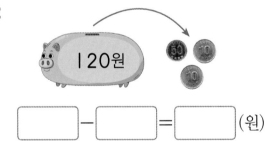

☐−☐=☐(원)

13

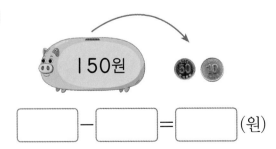

☐−☐=☐(원)

14

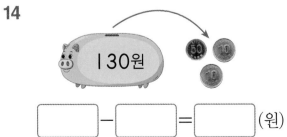

☐−☐=☐(원)

✤ 145−17의 세로셈

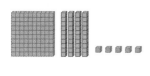

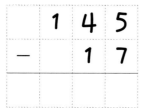

⇒

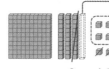

10+5−7=8

4−1−1=2

백의 자리 숫자 1은 그대로 내려 써요.

● 계산해 보세요.

1
```
  1 3 5
-   1 9
```

2
```
  1 2 2
-   1 6
```

3
```
  1 4 3
-   2 4
```

4
```
  1 6 7
-   3 9
```

5
```
  1 5 1
-   2 7
```

6
```
  1 9 4
-   5 8
```

7
```
  1 7 2
-   3 6
```

8
```
  1 4 6
-   1 9
```

9
```
  1 8 8
-   5 9
```

● 계산해 보세요.

10 (는)
```
    1 4 4
  -   1 9
```

11 (털)
```
    1 9 2
  -   1 6
```

12 (색)
```
    1 9 4
  -   4 5
```

13 (리)
```
    1 7 5
  -   2 8
```

14 (연)
```
    1 6 1
  -   4 7
```

15 (거)
```
    1 8 4
  -   2 6
```

16 (슬)
```
    1 9 7
  -   5 9
```

17 (곱)
```
    1 5 6
  -   2 7
```

18 (갈)
```
    1 3 3
  -   1 8
```

우리집 강아지 사진에 ◯표 하세요.
계산 결과에 맞는 글자를 찾아 빈칸에 써넣으면 알 수 있어요.

129	138	158	147	125	114	115	149	176

12 (백의 자리 숫자가 1인 세 자리 수)―(두 자리 수) (2)

✛ 145―17의 가로셈

$45-17=28$

$$145-17=1\overset{1}{2}8$$

백의 자리에 숫자 1은 그대로 써요.

● 계산해 보세요.

1 138―19=☐

158―19=☐

168―29=☐

2 145―26=☐

192―35=☐

187―68=☐

3 177―19=☐

156―19=☐

152―29=☐

4 194―56=☐

183―26=☐

155―37=☐

5 192―16=☐

175―38=☐

133―15=☐

6 186―59=☐

197―48=☐

151―14=☐

7 세호가 이글루를 찾아가려고 합니다. 올바른 답을 따라 가며 선을 그어 보세요.

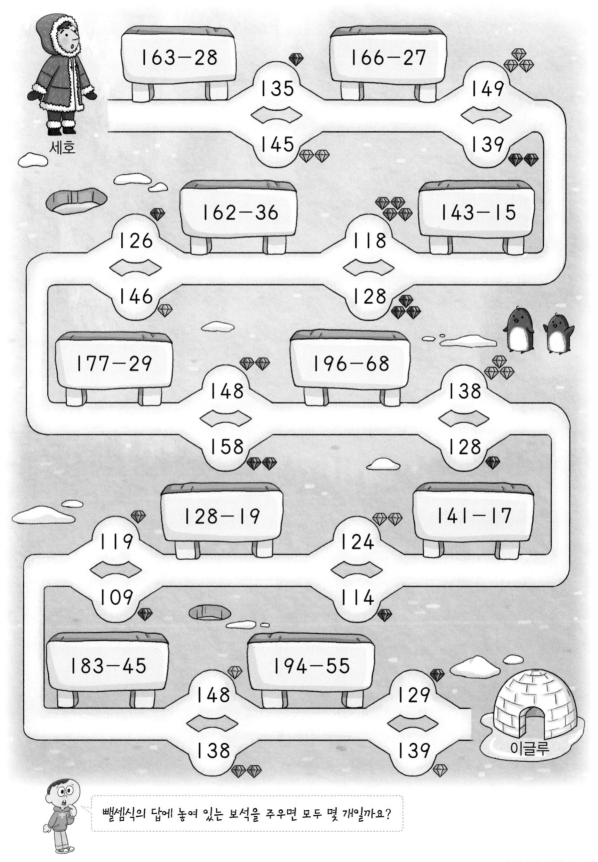

빨셈식의 답에 놓여 있는 보석을 주우면 모두 몇 개일까요?

13 길이의 차

✤ 30 cm − 13 cm의 계산

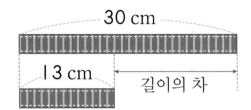

→ 자연수의 뺄셈과 같게 계산해요.

(식) 30 − 13 = 17

(답)　　17　　cm

계산 결과에 단위를 붙여 줘요.

● 두 리본의 길이의 차를 구하세요.

1

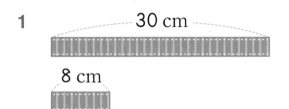

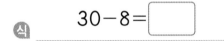

(식) 30 − 8 = ☐

(답) _____ cm

2

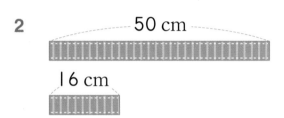

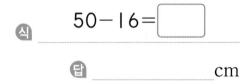

(식) 50 − 16 = ☐

(답) _____ cm

3

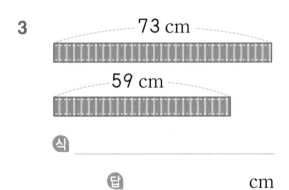

(식) _____

(답) _____ cm

4

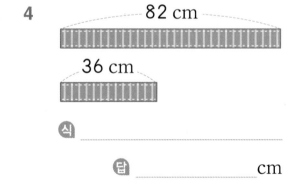

(식) _____

(답) _____ cm

5

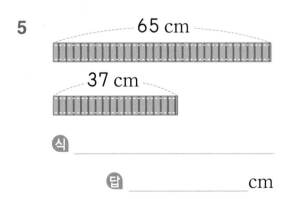

(식) _____

(답) _____ cm

6

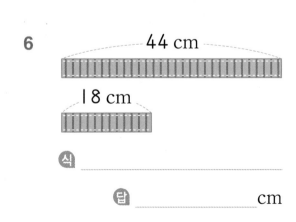

(식) _____

(답) _____ cm

● 색깔에 따라 길이가 다른 수수깡이 있습니다. 긴 수수깡을 짧은 수수깡의 길이에 맞춰서 자르려고 합니다. 긴 수수깡을 몇 cm 잘라야 하는지 구하세요.

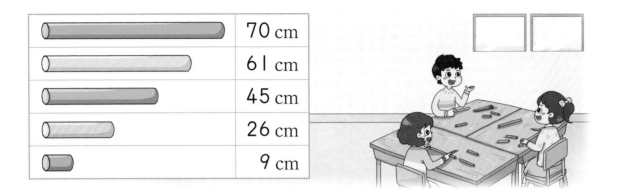

	70 cm
	61 cm
	45 cm
	26 cm
	9 cm

7

잘라야 하는 길이

식   70−9=☐

답 _____ cm

8

식   70−26=☐

답 _____ cm

9

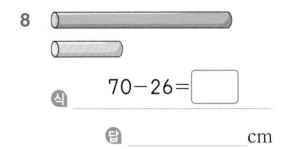

식 _____

답 _____ cm

10

식 _____

답 _____ cm

11

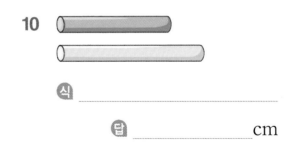

식 _____

답 _____ cm

12

식 _____

답 _____ cm

14 집중 연산 ❶

└→ 큰 수에서 작은 수를 빼야 해요.

● 보기와 같이 위에 있는 두 수의 차를 아래쪽 빈칸에 써넣으세요.

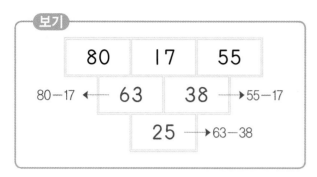

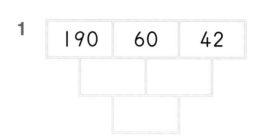

1

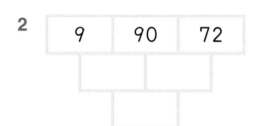

2

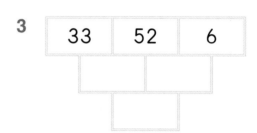

3

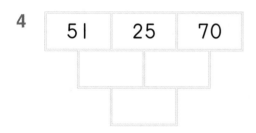

4

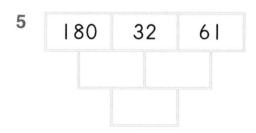

5

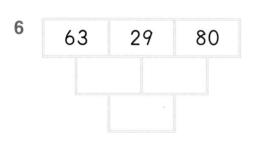

6

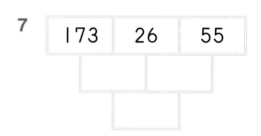

7

● 보기 와 같이 계산 결과가 나머지 깃발과 <u>다른</u> 하나를 찾아 ×표 하세요.

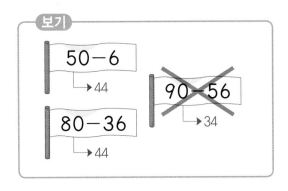

보기

50−6
→44

90~~−56~~
→34

80−36
→44

8

70−33

52−5

90−43

9

41−29

80−68

61−39

10

33−4

65−26

74−45

11

50−39

130−50

60−49

12

120−60

150−80

110−40

13

145−19

191−65

192−85

14

132−16

171−65

144−38

15 집중 연산 ❷

● 계산해 보세요.

1
```
    6 0
  −   7
```

2
```
    5 0
  − 2 3
```

3
```
    9 0
  − 4 2
```

4
```
    7 7
  − 1 9
```

5
```
    2 4
  − 1 6
```

6
```
    8 6
  − 3 7
```

7
```
    6 1
  − 4 3
```

8
```
    9 5
  − 5 8
```

9
```
    6 2
  − 2 9
```

10
```
  1 4 0
  −  7 0
```

11
```
  1 1 0
  −  7 0
```

12
```
  1 5 5
  −  1 6
```

13
```
  1 7 4
  −  2 7
```

14
```
  1 9 3
  −  5 9
```

15
```
  1 4 2
  −  1 3
```

16
```
    3 5
  - 1 8
```

17
```
    6 3
  - 2 7
```

18
```
    7 1
  - 4 6
```

19
```
    5 7
  - 3 9
```

20
```
    9 4
  - 4 5
```

21
```
    3 2
  - 1 5
```

22
```
    4 6
  - 2 8
```

23
```
    8 3
  - 5 7
```

24
```
    6 7
  - 2 9
```

25
```
  1 8 0
  -   9 0
```

26
```
  1 6 2
  -   3 7
```

27
```
  1 3 6
  -   1 8
```

28
```
  1 4 8
  -   2 9
```

29
```
  1 5 0
  -   8 0
```

30
```
  1 9 5
  -   7 8
```

16 집중 연산 ❸

● 계산해 보세요.

1 20−6

   70−8

2 30−17

   90−45

3 84−56

   43−25

4 57−28

   31−15

5 65−37

   72−43

6 93−58

   86−67

7 150−70

   110−50

8 140−60

   160−90

9 182−37

   165−48

10 176−59

    134−16

11 40−3

50−5

12 60−14

80−29

13 73−35

41−17

14 92−55

54−18

15 35−19

94−27

16 83−26

52−34

17 130−60

170−80

18 120−80

180−90

19 147−29

153−38

20 198−49

166−28

받아내림이 두 번 있는 뺄셈

$$34 < 77$$

학습내용

▶ (백몇십)−(두 자리 수)

▶ (백의 자리 숫자가 1인 세 자리 수)−(두 자리 수)

▶ 100−(두 자리 수)

▶ (백의 자리 숫자가 1, 십의 자리 숫자가 0인 세 자리 수)
　−(두 자리 수)

연산력 게임

스마트폰을 이용하여 QR을
찍으면 재미있는 연산 게임을
할 수 있습니다.

01 (백몇십)−(두 자리 수) (1)

✚ 120−89의 세로셈

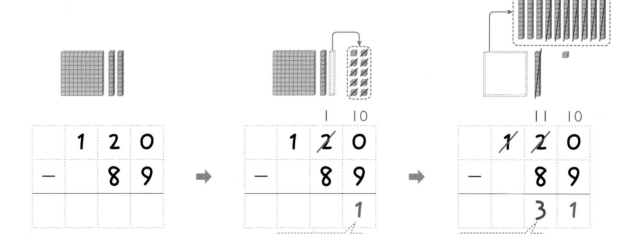

● 계산해 보세요.

1

	1	4	0
−		5	7

2

	1	6	0
−		8	4

3

	1	7	0
−		9	2

4

	1	5	0
−		5	5

5

	1	3	0
−		6	2

6

	1	1	0
−		2	7

7

	1	8	0
−		9	6

8

	1	4	0
−		4	5

9

	1	9	0
−		9	3

● 계산해 보세요.

10
```
    1 2 0
 -    5 7
```

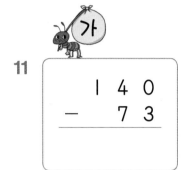

11
```
    1 4 0
 -    7 3
```

12
```
    1 6 0
 -    9 4
```

13
```
    1 1 0
 -    4 5
```

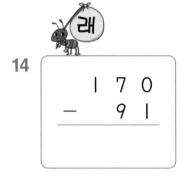

14
```
    1 7 0
 -    9 1
```

15
```
    1 5 0
 -    8 6
```

16
```
    1 9 0
 -    9 4
```

17
```
    1 3 0
 -    3 3
```

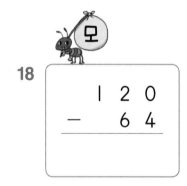

18
```
    1 2 0
 -    6 4
```

계산 결과에
해당하는 글자를
써 보세요.
이 수수께끼의 답은
무엇일까요?

수수께끼

56	79	67	96	65	66	64	63	97

?

02 (백몇십)−(두 자리 수) (2)

✛ 120−89의 가로셈

백의 자리에서 받아내렸어요!

십의 자리에서 받아내렸어요!

같은 자리끼리 뺄 수 없으면 바로 윗자리에서 받아내림해요.

$$\overset{11}{\cancel{1}}\overset{10}{2}0 - 89 = 31$$

10+1−8

10−9

● 계산해 보세요.

1 120−58= ☐

120−71= ☐

120−37= ☐

2 150−66= ☐

150−84= ☐

150−53= ☐

3 110−26= ☐

150−94= ☐

130−55= ☐

4 180−94= ☐

140−63= ☐

170−88= ☐

5 160−83= ☐

170−85= ☐

190−97= ☐

6 150−72= ☐

110−74= ☐

130−56= ☐

● 다음은 동물들이 각자의 집에서 학교까지 가는 데 걸리는 시간을 나타낸 표입니다. ☐ 안에 알맞은
수를 써넣으세요.

150분	110분	130분	76분	52분	34분

7   150−52=98 ➡ 🐜는 🐰보다 ☐ 분 더 걸립니다.

8   130−76=☐ ➡ 🐌는 🐱보다 ☐ 분 더 걸립니다.

9   130−☐=☐ ➡ 🐌는 🐯보다 ☐ 분 더 걸립니다.

10   ☐−52=☐ ➡ 🐢은 🐰보다 ☐ 분 더 걸립니다.

11   ☐−☐=☐ ➡ 🐢은 🐯보다 ☐ 분 더 걸립니다.

12   ☐−☐=☐ ➡ 🐜는 🐱보다 ☐ 분 더 걸립니다.

03 (백의 자리 숫자가 1인 세 자리 수)―(두 자리 수) (1)

✚ 133―58의 세로셈

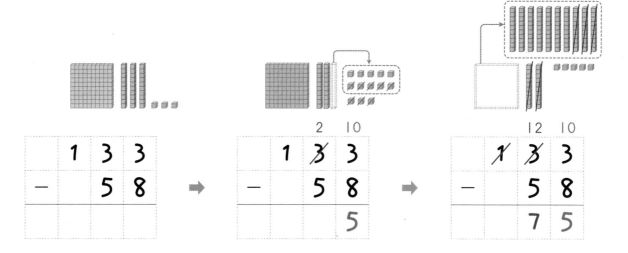

● 계산해 보세요.

1
	1	3	7
―		5	8

2
	1	5	2
―		8	7

3
	1	1	8
―		4	9

4
	1	2	6
―		7	8

5
	1	6	5
―		6	7

6
	1	1	6
―		5	9

7
	1	6	1
―		8	8

8
	1	2	4
―		7	5

9
	1	3	7
―		6	9

● 계산해 보세요.

10		1	2	5
	−		4	9

11		1	4	3
	−		8	7

12		1	7	4
	−		9	9

13		1	3	5
	−		6	6

14		1	1	5
	−		5	8

15		1	1	1
	−		4	5

16		1	4	2
	−		5	6

17		1	7	3
	−		9	5

18		1	5	3
	−		6	5

19		1	2	4
	−		2	8

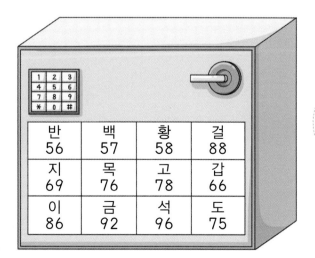

반 56	백 57	황 58	걸 88
지 69	목 76	고 78	갑 66
이 86	금 92	석 96	도 75

금고 안에 어떤 물건이 들어 있을까요?

계산 결과가 적힌 칸을 ✕표 하고 남은 글자를 읽어 보면 알 수 있어요.

2. 받아내림이 두 번 있는 뺄셈 **47**

04 (백의 자리 숫자가 1인 세 자리 수)−(두 자리 수) (2)

✚ 133−58의 가로셈

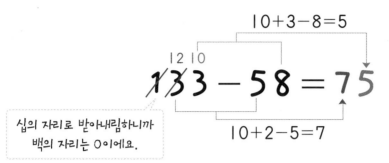

● 계산해 보세요.

1 156−78=☐

156−99=☐

156−87=☐

2 122−55=☐

122−78=☐

122−36=☐

3 112−46=☐

112−57=☐

112−85=☐

4 135−47=☐

135−86=☐

135−59=☐

5 141−58=☐

141−73=☐

141−86=☐

6 162−75=☐

162−93=☐

162−86=☐

● 어린이 도서관에 있는 종류별 책의 수입니다. 책 수의 차를 구하세요.

7

$$132 - 89 = \boxed{}$$

8

$$141 - 76 = \boxed{}$$

9

$$115 - \boxed{} = \boxed{}$$

10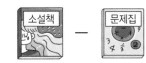

$$\boxed{} - \boxed{} = \boxed{}$$

11

$$\boxed{} - \boxed{} = \boxed{}$$

12

$$\boxed{} - \boxed{} = \boxed{}$$

05 100−(두 자리 수)

✤ 100−84의 계산

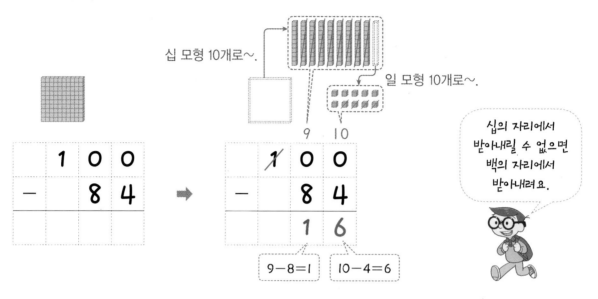

십 모형 10개로~.

일 모형 10개로~.

9 − 8 = 1   10 − 4 = 6

십의 자리에서
받아내릴 수 없으면
백의 자리에서
받아내려요.

● 계산해 보세요.

1

	1	0	0
−		5	1

2

	1	0	0
−		8	5

3

	1	0	0
−		2	5

4

	1	0	0
−		3	3

5

	1	0	0
−		6	4

6

	1	0	0
−		1	7

7

	1	0	0
−		9	3

8

	1	0	0
−		4	6

9

	1	0	0
−		2	9

● 계산해 보세요.

10
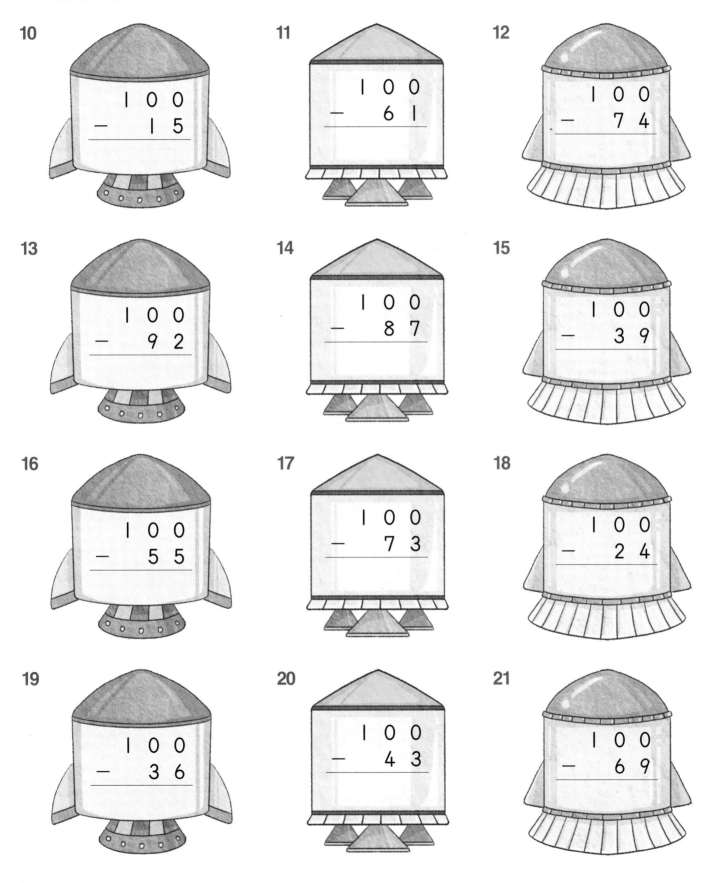
```
  1 0 0
-   1 5
```

11
```
  1 0 0
-   6 1
```

12
```
  1 0 0
-   7 4
```

13
```
  1 0 0
-   9 2
```

14
```
  1 0 0
-   8 7
```

15
```
  1 0 0
-   3 9
```

16
```
  1 0 0
-   5 5
```

17
```
  1 0 0
-   7 3
```

18
```
  1 0 0
-   2 4
```

19
```
  1 0 0
-   3 6
```

20
```
  1 0 0
-   4 3
```

21
```
  1 0 0
-   6 9
```

06 (백의 자리 숫자가 1, 십의 자리 숫자가 0인 세 자리 수)−(두 자리 수)

✤ 103−79의 계산

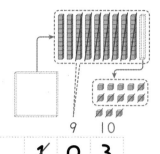

> 십 모형 1개는
> 일 모형 10개!
> 백 모형 1개는
> 십 모형 10개!

	1	0	3
−		7	9

➡

	1̸	0	3
−		7	9
		2	4

● 계산해 보세요.

1

	1	0	4
−		5	5

2

	1	0	2
−		4	4

3

	1	0	1
−		8	2

4

	1	0	3
−		8	5

5

	1	0	1
−		9	5

6

	1	0	6
−		5	8

7

	1	0	7
−		5	9

8

	1	0	2
−		6	7

9

	1	0	6
−		1	9

● 제과점에서 만든 빵의 개수입니다. 보기 와 같이 빵의 개수의 차를 구하세요.

 크림빵 102개   마늘빵 105개   식빵 103개   케이크 87개   피자빵 76개

보기

→102>87

크림빵 은 케이크 보다 몇 개 더 많을까요?

식   102-87=15

답   15   개

10 식빵 은 피자빵 보다 몇 개 더 많을까요?

식

답 _____ 개

11 마늘빵 은 케이크 보다 몇 개 더 많을까요?

식

답 _____ 개

12 마늘빵 은 피자빵 보다 몇 개 더 많을까요?

식

답 _____ 개

13 식빵 은 케이크 보다 몇 개 더 많을까요?

식

답 _____ 개

14 크림빵 은 피자빵 보다 몇 개 더 많을까요?

식

답 _____ 개

07 세 자리 수와 두 자리 수의 뺄셈

✢ 121−79의 계산

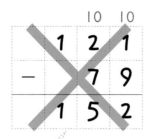 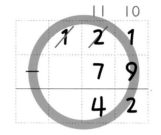

> 받아내림한 것을 잊고
> 백의 자리, 십의 자리 계산을 했어요.

● 계산해 보세요.

1 130−95= ☐

130−85= ☐

130−65= ☐

2 150−82= ☐

150−75= ☐

150−91= ☐

3 165−99= ☐

165−76= ☐

165−88= ☐

4 143−67= ☐

143−75= ☐

143−77= ☐

5 100−56= ☐

100−47= ☐

100−38= ☐

6 101−96= ☐

101−85= ☐

101−74= ☐

● **고깔 모자에 쓰인 수와 제비를 뽑아 나온 수의 차를 구하세요.**

→ 큰 수에서 작은 수를 빼요.

7

120

35

```
    1  2  0
 -     3  5
```

8

160

73

```
    1  6  0
 -     7  3
```

9

143

58

10

136

48

11

100

76

12

104

99

● ☐ 안에 알맞은 수를 써넣으세요.

1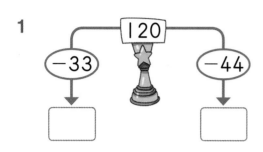

2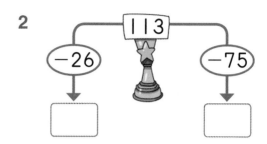

3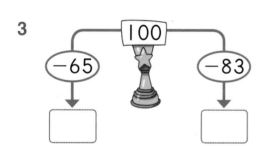

4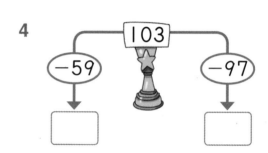

● 빈칸에 알맞은 수를 써넣으세요.

5 150 ┈ −54 ➡ ☐

6 180 ┈ −89 ➡ ☐

7 168 ┈ −79 ➡ ☐

8 178 ┈ −79 ➡ ☐

9 100 ┈ −27 ➡ ☐

10 105 ┈ −78 ➡ ☐

● 빈칸에 알맞은 수를 써넣으세요.

11

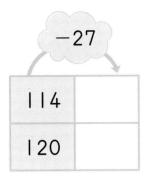

114	
120	

12

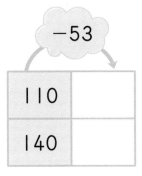

100	
104	

13

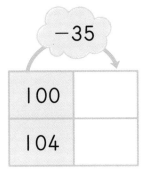

110	
140	

14

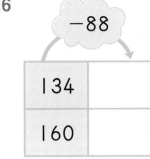

101	
106	

15

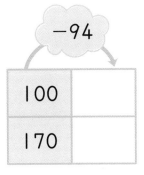

100	
104	

16

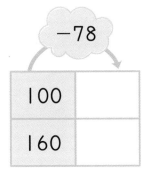

134	
160	

17

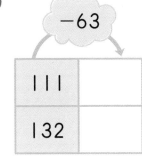

100	
170	

18

100	
160	

19

111	
132	

20

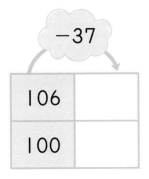

106	
100	

21

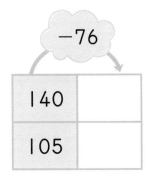

140	
105	

22

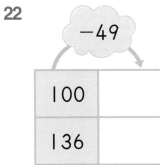

100	
136	

● 계산해 보세요.

1
```
   1 2 5
 -   8 7
```

2
```
   1 0 0
 -   5 9
```

3
```
   1 5 0
 -   7 7
```

4
```
   1 4 3
 -   8 9
```

5
```
   1 2 0
 -   4 5
```

6
```
   1 4 5
 -   8 8
```

7
```
   1 1 0
 -   6 9
```

8
```
   1 0 2
 -   7 6
```

9
```
   1 1 6
 -   2 9
```

10
```
   1 0 0
 -   1 1
```

11
```
   1 1 4
 -   5 9
```

12
```
   1 0 3
 -   2 5
```

13
```
   1 2 5
 -   8 8
```

14
```
   1 0 0
 -   5 7
```

15
```
   1 0 5
 -   4 7
```

16
```
  1 3 2
-   7 8
```

17
```
  1 5 5
-   6 7
```

18
```
  1 1 2
-   4 6
```

19
```
  1 2 1
-   2 9
```

20
```
  1 0 4
-   5 9
```

21
```
  1 6 3
-   8 5
```

22
```
  1 4 0
-   9 4
```

23
```
  1 2 2
-   4 8
```

24
```
  1 3 7
-   6 9
```

25
```
  1 1 5
-   3 7
```

26
```
  1 5 0
-   5 6
```

27
```
  1 4 6
-   5 7
```

28
```
  1 7 4
-   8 8
```

29
```
  1 6 2
-   7 5
```

30
```
  1 2 4
-   4 9
```

10 집중 연산 ❸

● 계산해 보세요.

1 123−48

   106−48

2 165−76

   142−76

3 136−59

   118−59

4 151−63

   120−63

5 104−25

   122−25

6 146−47

   132−47

7 160−72

   101−72

8 182−84

   103−84

9 116−38

   125−38

10 150−91

    180−91

11 170−89

114−89

12 140−56

122−56

13 181−94

140−94

14 108−39

122−39

15 100−58

145−58

16 130−75

100−75

17 106−37

124−37

18 113−54

101−54

19 113−44

100−44

20 100−88

102−88

▶ 덧셈식을 보고 뺄셈식 만들기, 뺄셈식을 보고 덧셈식 만들기

▶ 식을 완성하고 덧셈식 또는 뺄셈식으로 나타내기

▶ 어떤 수를 □로 나타내기

▶ 덧셈식에서 □의 값 구하기, 뺄셈식에서 □의 값 구하기

01 덧셈식을 보고 뺄셈식 만들기

✚ 27+48=75를 뺄셈식으로 만들기

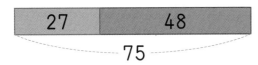

| 27 | 48 |

75

$27+48=75$ ⟨ $75-27=48$
$75-48=27$

덧셈식을 뺄셈식으로 만들면 덧셈식의 전체 합이 뺄셈식에서 맨 앞의 빼지는 수가 돼요.

● 그림을 보고 ☐ 안에 알맞은 수를 써넣으세요.

1

| 52 | 29 |

81

$52+29=81$ ⟨ $81-52=29$
$81-\boxed{}=52$

2

| 37 | 34 |

71

$37+34=71$ ⟨ $71-\boxed{}=34$
$71-34=37$

3

| 38 | 15 |

53

$38+15=53$ ⟨ $53-\boxed{}=15$
$53-\boxed{}=38$

4

| 35 | 47 |

82

$35+47=82$ ⟨ $82-\boxed{}=47$
$82-\boxed{}=35$

5

| 39 | 24 |

63

$39+24=63$ ⟨ $63-\boxed{}=24$
$63-\boxed{}=39$

● 덧셈식을 보고 뺄셈식을 만들려고 합니다. ☐ 안에 알맞은 수를 써넣으세요.

6 $18+24=42$

➡ $42-\boxed{}=24$
은

7 $29+33=62$

➡ $62-29=\boxed{}$
피

8 $45+18=63$

➡ $63-\boxed{}=18$
면

9 $58+34=92$

➡ $92-\boxed{}=58$
짝

10 $75+23=98$

➡ $98-\boxed{}=75$
는

11 $37+43=80$

➡ $80-\boxed{}=43$
활

12 $27+49=76$

➡ $76-49=\boxed{}$
오

13 $44+19=63$

➡ $63-\boxed{}=44$
것

14 $68+13=81$

➡ $81-\boxed{}=13$
비

15 $26+57=83$

➡ $83-\boxed{}=26$
만

☐ 안의 수에 해당하는 글자를 써 보세요.
이 수수께끼의 답은 무엇일까요?

수수께끼

68	57		27	45		37	34		33	23		19	18

?

02 뺄셈식을 보고 덧셈식 만들기

✛ 75−27=48을 덧셈식으로 만들기

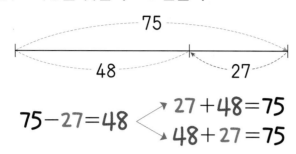

$$75-27=48 \begin{cases} 27+48=75 \\ 48+27=75 \end{cases}$$

뺄셈식을 덧셈식으로 만들면 뺄셈식에서 맨 앞의 빼지는 수가 덧셈식의 합이 돼요.

● 그림을 보고 ☐ 안에 알맞은 수를 써넣으세요.

1

54
18   36

$$54-36=18 \begin{cases} 36+18=54 \\ \boxed{}+36=54 \end{cases}$$

2

41
19   22

$$41-22=19 \begin{cases} 22+19=41 \\ 19+\boxed{}=41 \end{cases}$$

3

61
14   47

$$61-47=14 \begin{cases} 47+\boxed{}=61 \\ 14+\boxed{}=61 \end{cases}$$

4

64
29   35

$$64-35=29 \begin{cases} \boxed{}+29=64 \\ \boxed{}+35=64 \end{cases}$$

5

73
49   24

$$73-24=49 \begin{cases} \boxed{}+49=73 \\ 49+\boxed{}=73 \end{cases}$$

● 빨셈식을 보고 덧셈식을 만들어 보세요.

6   82−27=55

☐ +27=82

☐ +55=82

7   55−27=28

☐ +28=55

28+27=☐

8   53−36=17

☐ +17=53

17+☐ = ☐

9   35−19=16

☐ +16=☐

16+☐ =35

10   77−48=29

48+☐ = ☐

☐ +48=☐

11   45−27=18

27+☐ = ☐

☐ +27=☐

12   83−35=48

35+☐ = ☐

☐ + ☐ =83

13   80−14=66

14+☐ = ☐

☐ +14=☐

03 식을 완성하고 덧셈식 또는 뺄셈식으로 나타내기

✚ 덧셈식을 완성하고 뺄셈식으로 나타내기

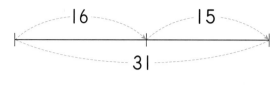

$$16+15=31 \begin{cases} 31-16=15 \\ 31-15=16 \end{cases}$$

✚ 뺄셈식을 완성하고 덧셈식으로 나타내기

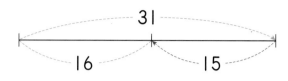

$$31-15=16 \begin{cases} 16+15=31 \\ 15+16=31 \end{cases}$$

● 그림을 보고 ☐ 안에 알맞은 수를 써넣으세요.

1

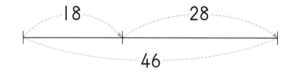

$$\boxed{}+28=46$$

➡ $46-\boxed{}=28$

2

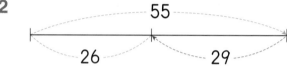

$$55-29=\boxed{}$$

➡ $29+\boxed{}=55$

3

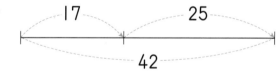

$$17+\boxed{}=42$$

➡ $\boxed{}-\boxed{}=17$

4

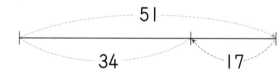

$$51-17=\boxed{}$$

➡ $17+\boxed{}=\boxed{}$

5

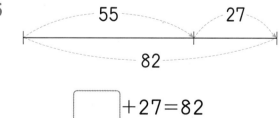

$$\boxed{}+27=82$$

➡ $\boxed{}-\boxed{}=27$

6

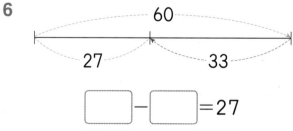

$$\boxed{}-\boxed{}=27$$

➡ $\boxed{}+33=\boxed{}$

● 수 카드를 보고 덧셈식 또는 뺄셈식을 만들어 보세요.

7

| 13 | 41 |
| 28 | |

덧셈식

$13 + \boxed{} = \boxed{}$

뺄셈식

$\boxed{} - 13 = \boxed{}$

$\boxed{} - 28 = \boxed{}$

8

| 55 | 38 |
| 17 | |

덧셈식

$38 + \boxed{} = \boxed{}$

뺄셈식

$\boxed{} - 38 = \boxed{}$

$\boxed{} - \boxed{} = \boxed{}$

9

| 26 | 59 |
| 85 | |

뺄셈식

$\boxed{} - \boxed{} = 59$

덧셈식

$59 + \boxed{} = \boxed{}$

$\boxed{} + \boxed{} = 85$

10

| 24 | 61 |
| 37 | |

뺄셈식

$\boxed{} - \boxed{} = 24$

덧셈식

$24 + \boxed{} = \boxed{}$

$\boxed{} + \boxed{} = \boxed{}$

04 어떤 수를 □로 나타내기

✤ 가방 안에 있는 책의 수를 □로 나타내어 식 만들기

13권 + 🎒 ➡ 22권

가방 안에 책이 몇 권 있는지 알 수 없어요.

모르는 어떤 수는 □로 나타내요.

$13 + \boxed{} = 22$

→ 가방 안에 있는 책의 수를 □로 나타냅니다.

● 가방 안에 책이 몇 권 있습니다. □를 사용한 식으로 나타내 보세요.

1 8권 + 🎒 ➡ 14권

식 _____

2 12권 + 🎒 ➡ 21권

식 _____

3 4권 + 🎒 ➡ 30권

식 _____

4 15권 + 🎒 ➡ 25권

식 _____

5 23권

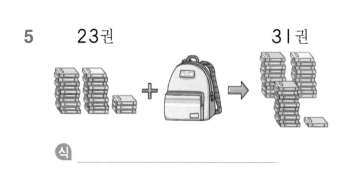

➡ 31권

식 _____

6 17권

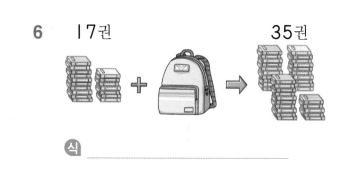

➡ 35권

식 _____

● 상자에 물건이 다음과 같이 들어 있습니다. 보기 와 같이 ☐를 사용한 식으로 나타내 보세요.

보기

몇 개를 꺼냈더니
29개가 남았어요.

식   48 - ☐ = 29

7

몇 개를 꺼냈더니
8개가 남았어요.

식 _____

8

몇 개를 꺼냈더니
13개가 남았어요.

식 _____

9

몇 개를 꺼냈더니
9개가 남았어요.

식 _____

10

몇 개를 꺼냈더니
15개가 남았어요.

식 _____

11

몇 개를 꺼냈더니
33개가 남았어요.

식 _____

12

몇 개를 꺼냈더니
40개가 남았어요.

식 _____

13

몇 개를 꺼냈더니
27개가 남았어요.

식 _____

05 덧셈식에서 □의 값 구하기 (1)

✛ 8+□=12에서 □의 값 구하기

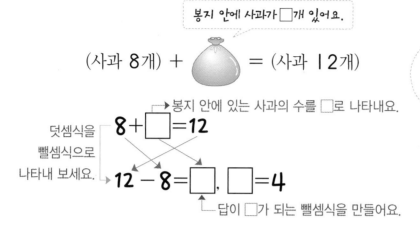

봉지 안에 사과가 □개 있어요.

(사과 8개) + = (사과 12개)

12−8=4이므로
봉지 안에는 사과가
4개 있구나.

→ 봉지 안에 있는 사과의 수를 □로 나타내요.

덧셈식을
빽셈식으로
나타내 보세요. → $8+\boxed{}=12$

$12-8=\boxed{}, \quad \boxed{}=4$

└ 답이 □가 되는 빽셈식을 만들어요.

● 봉지 안에 사과가 들어 있습니다. □ 안에 알맞은 수를 써넣으세요.

→ 사과 ▨개

1 (사과 5개) + 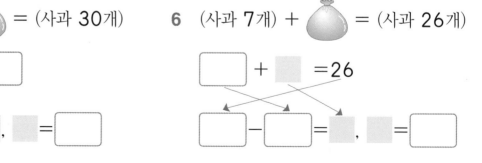 = (사과 14개)

$5+\boxed{}=14$

$14-5=\boxed{}, \quad \boxed{}=\boxed{}$

2 (사과 8개) + = (사과 20개)

$8+\boxed{}=20$

$20-\boxed{}=\boxed{}, \quad \boxed{}=\boxed{}$

3 (사과 13개) + = (사과 22개)

$13+\boxed{}=22$

$22-\boxed{}=\boxed{}, \quad \boxed{}=\boxed{}$

4 (사과 9개) + = (사과 23개)

$9+\boxed{}=23$

$23-\boxed{}=\boxed{}, \quad \boxed{}=\boxed{}$

5 (사과 14개) + = (사과 30개)

$14+\boxed{}=\boxed{}$

$\boxed{}-\boxed{}=\boxed{}, \quad \boxed{}=\boxed{}$

6 (사과 7개) + = (사과 26개)

$\boxed{}+\boxed{}=26$

$\boxed{}-\boxed{}=\boxed{}, \quad \boxed{}=\boxed{}$

● ●의 값을 구하세요.

7   8+●=15

15−8=●, ●= ☐ 무

8   12+●=71

☐−12=●, ●= ☐ 나

9   9+●=28

28−☐=●, ●= ☐ 말

10   16+●=31

31−☐=●, ●= ☐ 형

11   17+●=30

☐−☐=●, ●= ☐ 짓

12   26+●=34

☐−☐=●, ●= ☐ 인

13   25+●=41

☐−☐=●, ●= ☐ 코

14   22+●=51

☐−☐=●, ●= ☐ 거

●의 값에 해당하는
글자를 빈칸에
써넣으세요.

단어로 연상되는
것은 무엇일까요?

연상퀴즈

59	7		8	15		29	13	19		16
		,			,				,	

06 덧셈식에서 □의 값 구하기 (2)

✚ □+17=32에서 □의 값 구하기

□+17=32

32−17=□

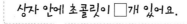
상자 안에 초콜릿이 □개 있어요.

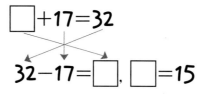
+(초콜릿 17개)=(초콜릿 32개)

$$□+17=32$$

$$32−17=□, \quad □=15$$

32−17=15
이므로 상자 안에 있는 초콜릿은 15개예요.

● 상자 안에 초콜릿이 들어 있습니다. ◯ 안에 알맞은 수를 써넣으세요.

초콜릿 ▨개

1 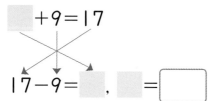+(초콜릿 9개)=(초콜릿 17개)

□+9=17

17−9=▨ , □=□

2 +(초콜릿 12개)=(초콜릿 31개)

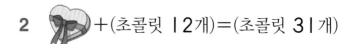
□+12 =31

31−□=▨ , □=□

3 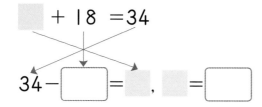+(초콜릿 18개)=(초콜릿 34개)

□ + 18 =34

34−□=▨ , □=□

4 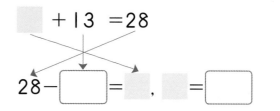+(초콜릿 13개)=(초콜릿 28개)

□ + 13 =28

28−□=▨ , ▨ =□

5 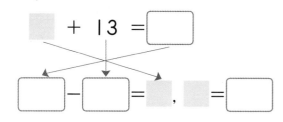+(초콜릿 13개)=(초콜릿 51개)

□ + 13 =□

□−□=▨ , ▨ =□

6 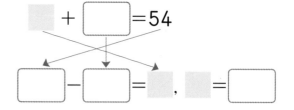+(초콜릿 26개)=(초콜릿 54개)

□ + □ =54

□−□=▨ , ▨ =□

● 지붕에 있는 수가 두 수의 합이 되도록 ☐ 안에 알맞은 수를 써넣으세요.

7

66

☐ +19

☐ +27

☐ +31

☐ +19＝66

66－19＝☐

8

73

☐ +34

☐ +48

☐ +27

9

93

☐ +49

☐ +71

☐ +54

10

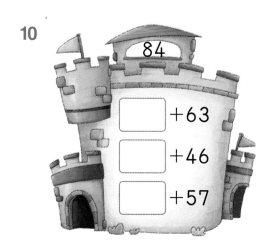

84

☐ +63

☐ +46

☐ +57

11

62

☐ +29

☐ +48

☐ +16

12

72

☐ +16

☐ +37

☐ +25

07 뺄셈식에서 □의 값 구하기 (1)

✤ 14−□=8에서 □의 값 구하기

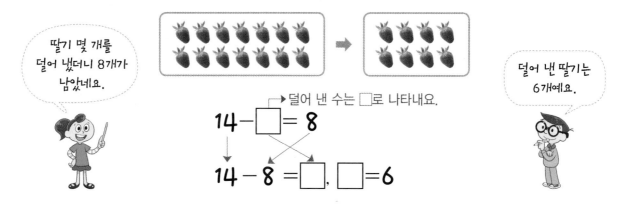

딸기 몇 개를 덜어 냈더니 8개가 남았네요.

덜어 낸 딸기는 6개예요.

덜어 낸 수는 □로 나타내요.

$14 - □ = 8$

$14 - 8 = □,\ □ = 6$

● 그림을 보고 □ 안에 알맞은 수를 써넣으세요.

1

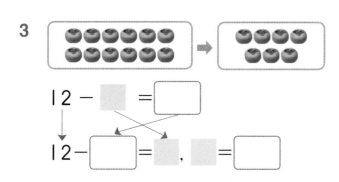

$13 - \boxed{} = 9$

$13 - 9 = \boxed{},\ \boxed{} = \boxed{}$

2

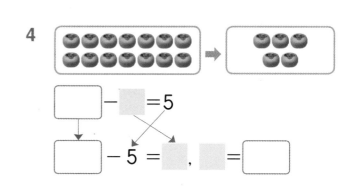

$11 - \boxed{} = 7$

$11 - \boxed{} = \boxed{},\ \boxed{} = \boxed{}$

3

$12 - \boxed{} = \boxed{}$

$12 - \boxed{} = \boxed{},\ \boxed{} = \boxed{}$

4

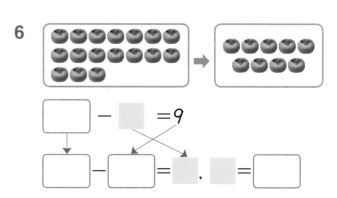

$\boxed{} - \boxed{} = 5$

$\boxed{} - 5 = \boxed{},\ \boxed{} = \boxed{}$

5

$15 - \boxed{} = \boxed{}$

$\boxed{} - \boxed{} = \boxed{},\ \boxed{} = \boxed{}$

6

$\boxed{} - \boxed{} = 9$

$\boxed{} - \boxed{} = \boxed{},\ \boxed{} = \boxed{}$

● ●의 값을 구하세요.

7 41−●=36

41−[　　]=●, ●=[　　]—과

8 61−●=49

61−[　　]=●, ●=[　　]—공

9 80−●=69

[　　]−69=●, ●=[　　]—주

10 32−●=26

[　　]−26=●, ●=[　　]—일

11 43−●=17

[　　]−[　　]=●, ●=[　　]—강

12 51−●=28

[　　]−[　　]=●, ●=[　　]—백

13 55−●=39

[　　]−[　　]=●, ●=[　　]—설

14 60−●=22

[　　]−[　　]=●, ●=[　　]—빨

●의 값에 해당하는
글자를 빈칸에
써넣으세요.

단어들로 연상되는
것을 써 보세요.

연상퀴즈

23	16	12	11		38	26		5	6

，　　　，

08 뺄셈식에서 □의 값 구하기 (2)

✛ □−12=9에서 □의 값 구하기

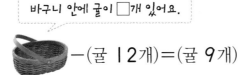

바구니 안에 귤이 □개 있어요.

□−(귤 12개)=(귤 9개)

12+9=21이므로 바구니에 있던 귤은 21개야.

방법 1
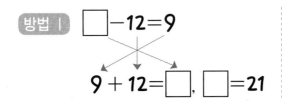
□−12=9
9 + 12=□, □=21

방법 2
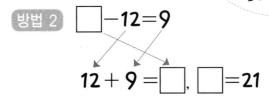
□−12=9
12 + 9 =□, □=21

● 그림을 보고 □ 안에 알맞은 수를 써넣으세요.

귤 □개

1 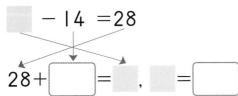 −(귤 14개)=(귤 28개)

□ − 14 =28

28+□ = □ , □ = □

2 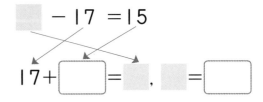 −(귤 17개)=(귤 15개)

□ − 17 =15

17+□ = □ , □ = □

3 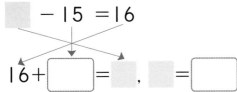 −(귤 15개)=(귤 16개)

□ − 15 =16

16+□ = □ , □ = □

4 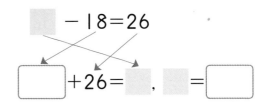 −(귤 18개)=(귤 26개)

□ − 18=26

□ +26= □ , □ = □

5 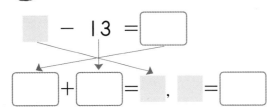 −(귤 13개)=(귤 27개)

□ − 13 = □

□ + □ = □ , □ = □

6 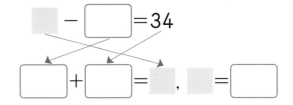 −(귤 19개)=(귤 34개)

□ − □ =34

□ + □ = □ , □ = □

● 하마가 바구니에 있던 사과 중 몇 개를 먹었습니다. 처음 바구니에 있던 사과의 수를 구하세요.

보기

15개를 먹었더니
16개가 남았어요.

□ − 15 = 16 ➡ □ = 31

7

25개를 먹었더니
8개가 남았어요.

□ − 25 = □ ➡ □ = □

8

18개를 먹었더니
36개가 남았어요.

□ − □ = 36 ➡ □ = □

9

47개를 먹었더니
15개가 남았어요.

□ − 47 = □ ➡ □ = □

10

7개를 먹었더니
23개가 남았어요.

□ − □ = □ ➡ □ = □

11

9개를 먹었더니
29개가 남았어요.

□ − □ = □ ➡ □ = □

12

16개를 먹었더니
19개가 남았어요.

□ − □ = □ ➡ □ = □

13

18개를 먹었더니
15개가 남았어요.

□ − □ = □ ➡ □ = □

09 □의 값 구하기

✤ 덧셈식에서 □의 값 구하기

$$17 + \boxed{} = 32$$

$$32 - 17 = \boxed{}, \quad \boxed{} = 15$$

✤ 뺄셈식에서 □의 값 구하기

$$\boxed{} - 27 = 15$$

$$15 + 27 = \boxed{}, \quad \boxed{} = 42$$

● □ 안에 알맞은 수를 써넣으세요.

1 $16 + \boxed{} = 35$

$28 + \boxed{} = 66$

2 $\boxed{} - 4 = 36$

$\boxed{} - 19 = 27$

3 $\boxed{} + 25 = 61$

$\boxed{} + 26 = 34$

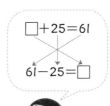

4 $40 - \boxed{} = 29$

$75 - \boxed{} = 58$

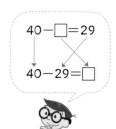

5 $86 + \boxed{} = 93$

$25 + \boxed{} = 83$

6 $\boxed{} - 12 = 39$

$\boxed{} - 19 = 67$

7 $\boxed{} + 16 = 31$

$\boxed{} + 26 = 44$

8 $82 - \boxed{} = 37$

$71 - \boxed{} = 48$

● 보기 와 같은 규칙으로 빈칸에 알맞은 수를 써넣으세요.

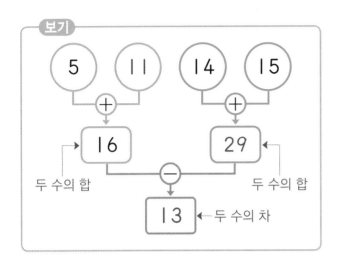

보기

5 + 11
16 ← 두 수의 합

14 + 15
29 → 두 수의 합

16 − 29
13 ← 두 수의 차

9

23 + ○ = 92

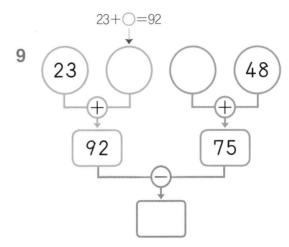

23 + [ ]   [ ] + 48
92   75
92 − 75
[ ]

10

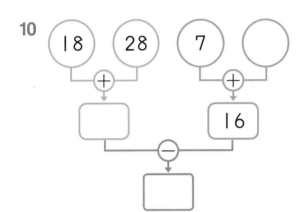

18 + 28
[ ]

7 + [ ]
16

[ ] − 16
[ ]

11

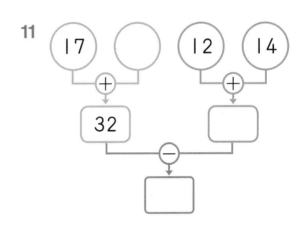

17 + [ ]
32

12 + 14
[ ]

32 − [ ]
[ ]

12

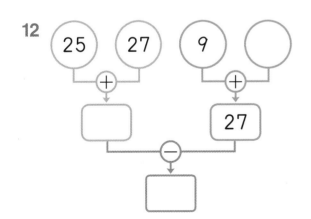

25 + 27
[ ]

9 + [ ]
27

[ ] − 27
[ ]

13

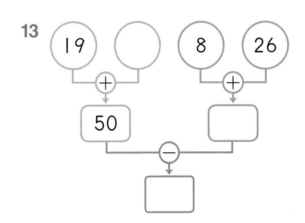

19 + [ ]
50

8 + 26
[ ]

50 − [ ]
[ ]

● 덧셈식은 뺄셈식으로, 뺄셈식은 덧셈식으로 나타낸 것입니다. ⬜ 안에 알맞은 수를 써넣으세요.

1

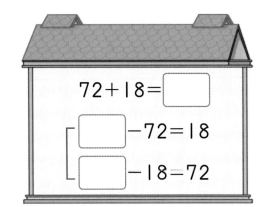

$72+18=\boxed{}$

$\boxed{}-72=18$

$\boxed{}-18=72$

2

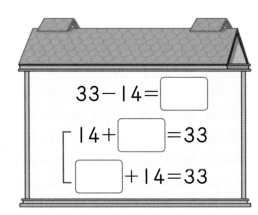

$33-14=\boxed{}$

$14+\boxed{}=33$

$\boxed{}+14=33$

3

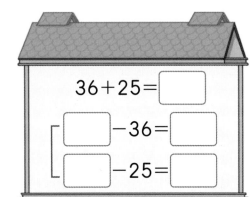

$36+25=\boxed{}$

$\boxed{}-36=\boxed{}$

$\boxed{}-25=\boxed{}$

4

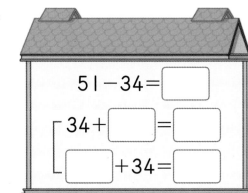

$51-34=\boxed{}$

$34+\boxed{}=\boxed{}$

$\boxed{}+34=\boxed{}$

5

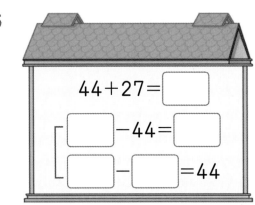

$44+27=\boxed{}$

$\boxed{}-44=\boxed{}$

$\boxed{}-\boxed{}=44$

6

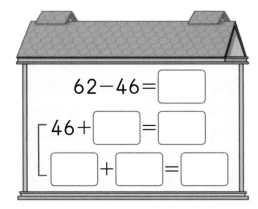

$62-46=\boxed{}$

$46+\boxed{}=\boxed{}$

$\boxed{}+\boxed{}=\boxed{}$

7

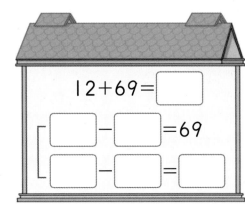

$12+69=\boxed{}$

$\boxed{}-\boxed{}=69$

$\boxed{}-\boxed{}=\boxed{}$

8

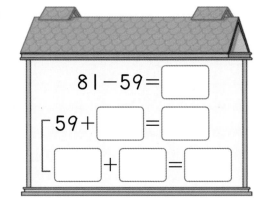

$81-59=\boxed{}$

$59+\boxed{}=\boxed{}$

$\boxed{}+\boxed{}=\boxed{}$

● ⬤ 안의 수가 두 수의 합 또는 차가 되도록 ☐ 안에 알맞은 수를 써넣으세요.

9

→ 98−☐=70, ☐=98−70

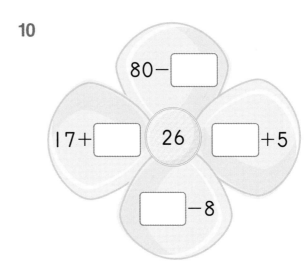

98−☐

48+☐   70   ☐+51

☐−14

10

80−☐

17+☐   26   ☐+5

☐−8

11

54−☐

29+☐   35   ☐+7

☐−17

12

73−☐

37+☐   42   ☐+20

☐−23

13

☐−38

☐+25   54   39+☐

81−☐

14

79−☐

☐+43   60   36+☐

☐−17

11 집중 연산 ❷

● 덧셈식을 보고 뺄셈식을, 뺄셈식을 보고 덧셈식을 만들어 보세요.

1 $39+28=67$

$67-28=\boxed{}$

$67-\boxed{}=\boxed{}$

2 $62-47=15$

$15+47=\boxed{}$

$47+\boxed{}=\boxed{}$

3 $38+15=\boxed{}$

$\boxed{}-15=\boxed{}$

$\boxed{}-38=\boxed{}$

4 $54-36=\boxed{}$

$\boxed{}+36=\boxed{}$

$36+\boxed{}=\boxed{}$

5 $52+\boxed{}=71$

$\boxed{}-\boxed{}=52$

$\boxed{}-52=\boxed{}$

6 $63-\boxed{}=35$

$35+\boxed{}=\boxed{}$

$\boxed{}+35=\boxed{}$

7 $27+\boxed{}=60$

$\boxed{}-\boxed{}=27$

$\boxed{}-\boxed{}=\boxed{}$

8 $41-\boxed{}=12$

$\boxed{}+12=\boxed{}$

$\boxed{}+\boxed{}=\boxed{}$

9 $28+\boxed{}=47$

$\boxed{}-19=\boxed{}$

$\boxed{}-\boxed{}=\boxed{}$

10 $62-\boxed{}=37$

$37+\boxed{}=\boxed{}$

$\boxed{}+\boxed{}=\boxed{}$

11 46+27=☐

☐−27=☐

☐−46=☐

12 71−45=☐

☐+45=☐

45+☐=☐

13 65+☐=93

☐−☐=☐

☐−65=☐

14 83−☐=56

56+☐=☐

☐+56=☐

15 36+☐=75

☐−☐=☐

☐−☐=36

16 47−☐=19

☐+☐=☐

☐+19=☐

17 54+☐=82

☐−☐=☐

☐−54=☐

18 64−☐=26

26+☐=☐

☐+☐=☐

19 18+☐=46

☐−☐=18

☐−☐=☐

20 52−☐=27

☐+27=☐

☐+☐=☐

● ☐ 안에 알맞은 수를 써넣으세요.

1 $27 + \boxed{} = 64$

$35 + \boxed{} = 81$

2 $18 + \boxed{} = 56$

$49 + \boxed{} = 97$

3 $16 + \boxed{} = 40$

$28 + \boxed{} = 75$

4 $52 - \boxed{} = 26$

$84 - \boxed{} = 35$

5 $48 - \boxed{} = 29$

$62 - \boxed{} = 14$

6 $73 - \boxed{} = 36$

$41 - \boxed{} = 18$

7 $\boxed{} + 24 = 92$

$\boxed{} + 47 = 71$

8 $\boxed{} + 15 = 54$

$\boxed{} + 36 = 62$

9 $\boxed{} + 68 = 93$

$\boxed{} + 22 = 70$

10 $\boxed{} - 32 = 39$

$\boxed{} - 56 = 17$

11 $\boxed{} - 13 = 28$

$\boxed{} - 24 = 28$

12 $\boxed{} - 45 = 37$

$\boxed{} - 16 = 39$

13 $75 - \boxed{} = 48$

$35 + \boxed{} = 83$

14 $29 + \boxed{} = 51$

$\boxed{} - 76 = 15$

15 $\boxed{} - 47 = 23$

$\boxed{} + 57 = 94$

16 47+□=93

19+□=76

17 26+□=72

19+□=54

18 23+□=42

38+□=55

19 64-□=17

71-□=23

20 42-□=16

58-□=29

21 46-□=28

63-□=35

22 □+76=85

□+12=51

23 □+29=52

□+38=52

24 □+16=33

□+35=82

25 □-6=18

□-15=36

26 □-36=19

□-47=34

27 □-16=18

□-42=9

28 67+□=85

73-□=28

29 46+□=70

□-63=27

30 □+48=77

□-28=37

학습내용

▶ 세 수의 덧셈
▶ 세 수의 뺄셈
▶ 세 수의 덧셈과 뺄셈

연산력 게임

스마트폰을 이용하여 QR을 찍으면 재미있는 연산 게임을 할 수 있습니다.

01 세 수의 덧셈

✤ 49+7+6의 계산

→ 앞에서부터 두 수씩
차례로 더해요.

$49 + 7 + 6$

↓

$56 + 6 = 62$

$49 + 7 + 6$ ➡

```
  4 9
+   7
─────
  5 6
+   6
─────
  6 2
```

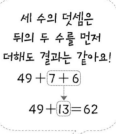

세 수의 덧셈은
뒤의 두 수를 먼저
더해도 결과는 같아요!

$49 + 7 + 6$

↓

$49 + 13 = 62$

● 계산해 보세요.

1 $48 + 3 + 2$

↓

$51 + 2 = \boxed{}$

2 $26 + 5 + 9$ ➡

```
  2 6
+   5
─────
  3 1
+   9
─────
```
$\boxed{}$

3 $17 + 52 + 41$

↓

$\boxed{} + 41 = \boxed{}$

4 $23 + 14 + 63$ ➡

```
  2 3
+ 1 4
─────
```
$\boxed{}$
```
+ 6 3
─────
```
$\boxed{}$

5 $38 + 54 + 66$

↓

$\boxed{} + \boxed{} = \boxed{}$

6 $58 + 34 + 18$ ➡

```
  5 8
+ 3 4
─────
```
$\boxed{}$
```
+
─────
```
$\boxed{}$

● 세 수의 합을 구하여 화분의 ☐ 안에 써넣으세요.

7 33+29+15

8 45+27+16

9 15+35+60

10 24+47+28

11 71+17+29

12 38+25+16

13 57+26+29

14 66+37+15

15 25+48+24

02 세 수의 뺄셈

✤ 68−27−15의 계산

앞에서부터 두 수씩
차례로 빼요.

$\boxed{68 - 27} - 15$

$\boxed{41} - 15 = 26$

$68 - 27\boxed{-15}$ ➡

```
  6 8
- 2 7
─────
  4 1
- 1 5
─────
  2 6
```

세 수의 차는 뒤에서부터
계산하면 결과가 달라져요.

$68 - \boxed{27 - 15}$

$68 - \boxed{12} = 56 \,(\times)$

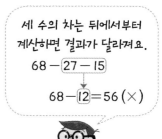

● 계산해 보세요.

1 $\boxed{72 - 6} - 8$

$66 - 8 = \boxed{}$

2 $86 - 27\boxed{-32}$ ➡

```
  8 6
- 2 7
─────
  5 9
- 3 2
─────
```

3 $\boxed{60 - 5} - 17$

$\boxed{} - 17 = \boxed{}$

4 $53 - 8\boxed{-6}$ ➡

```
  5 3
-   8
─────

-   6
─────
```

5 $\boxed{132 - 58} - 49$

$\boxed{} - \boxed{} = \boxed{}$

6 $162 - 81\boxed{-15}$ ➡

```
  1 6 2
-   8 1
───────

-   1 5
───────
```

● 세 수의 차를 구하여 [　] 안에 써넣으세요.

7
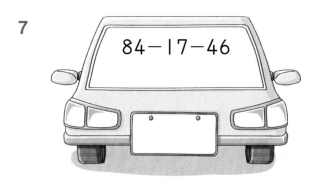
84−17−46

8
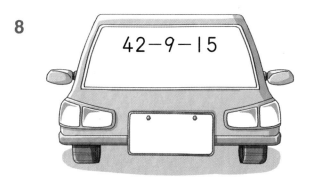
42−9−15

9

65−29−18

10

93−37−28

11

57−18−22

12

76−28−19

13

102−36−57

14

113−68−26

번호판에 적힌 수가 가장 작은 자동차가 혜준이네 자동차예요. 혜준이네 자동차에 ○표 해 보세요.

03 세 수의 덧셈과 뺄셈 (1)

✚ 38+24−19의 계산

+, −가 섞여 있는
식의 계산은 앞에서부터
차례로 계산해요.

$$38+24-19=43$$

①
62

②
43

①	1		②	5	10
	3 8			6	2
+	2 4		−	1	9
	6 2			4	3

● 계산해 보세요.

1 54+37−56=☐

91

☐

2 67+8−6=☐

```
    6 7        → 7 5
  +   8        −   6
    7 5        ☐
```

3 65+26−39=☐

☐

☐

4 83+15−49=☐

```
    8 3        ☐
  + 1 5        − 4 9
    ☐          ☐
```

5 51+39−13=☐

☐

☐

6 48+63−54=☐

```
    4 8        ☐
  + 6 3        −   5 4
    ☐          ☐
```

● 계산을 하여 계산 결과가 더 작은 것의 글자에 ◯표 하세요.

7    64+17−25 춘   71+19−33 금

8    55+16−14 선   43+28−19 하

9   68+25−34 이   75+29−46 추

10   88+16−47 동   93+24−59 월

 계산 결과가 더 작은 것의 글자를 빈칸에 써넣으면
봄, 여름, 가을, 겨울을 뜻하는 한자가 나와요.

7	8	9	10

04 세 수의 덧셈과 뺄셈 (2)

✤ 84−57+34의 계산

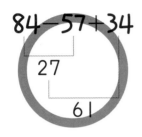

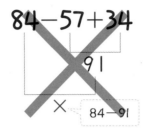

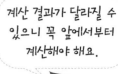
계산 결과가 달라질 수 있으니 꼭 앞에서부터 계산해야 해요.

● 계산해 보세요.

1 75−18+46=

2 47−29+66=

3 64−36+28=

4 95−67+89=

5 46−38+92=

6 77−29+65=

● 계산해 보세요.

7 54−17+39= [   ]

8 48−19+64= [   ]

9 24−18+98= [   ]

10 80−49+68= [   ]

11 72−46+57= [   ]

12 63−25+49= [   ]

13 81−33+77= [   ]

14 36−18+85= [   ]

각각의 계산 결과가
적힌 메모지에 ✕ 표 하고
남은 글자를 조합하면
내가 놀러 간 곳이에요.

76 수	104 미	66 공	87 박
93 관	105 이	99 영	73 원
96 놀	103 장	125 족	83 물

05 세 수의 계산

✛ 67−26+19의 계산

$$\boxed{67-26}+19$$
↓
$$\textbf{41}+19=60$$

$$67-26+19=60$$
①
$$41$$
②
$$60$$

계산 순서를 나타내면서
계산하면 실수를
줄일 수 있어요.

● 계산해 보세요.

1 $\boxed{74-55}+42$
↓
$\boxed{}+42=\boxed{}$

2 $43+15+77=\boxed{}$

3 $\boxed{66+28}-56$
↓
$\boxed{}-\boxed{}=\boxed{}$

4 $82-16+65=\boxed{}$

5 $\boxed{90+36}-35$
↓
$\boxed{}-\boxed{}=\boxed{}$

6 $53-9-8=\boxed{}$

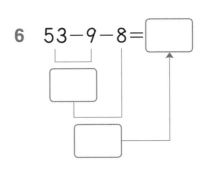

● 계산해 보세요.

7 67+39−18

8 76−7+9

9 35+16−28

10 42−19−4

11 25+17+36

12 49+27+34

13 72−54+87

14 79+52−23

15 95−8−14

계산 결과가 100보다 큰 풍선만 하늘로 날렸어요.
하늘에 날린 풍선은 모두 몇 개일까요?

06 집중 연산 ❶

● 보기와 같이 세 수의 합을 빈칸에 써넣으세요.

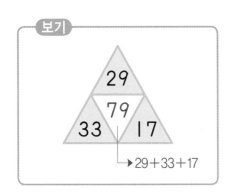

보기

$$29 + 33 + 17$$

1

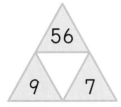

2

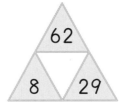

3

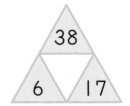

4

5

● 사다리 타기를 하여 도착한 곳의 ☐ 안에 계산 결과를 써넣으세요.

6

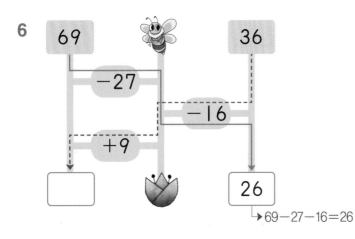

$$69 - 27 - 16 = 26$$

7

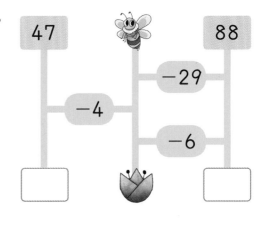

8

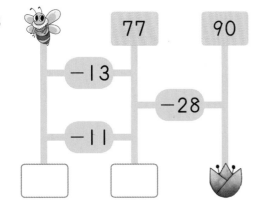

9

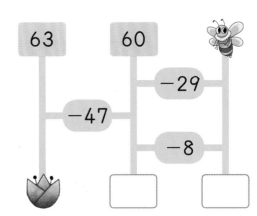

● 보기 와 같이 계산 결과가 나머지 깃발과 <u>다른</u> 하나를 찾아 ×표 하세요.

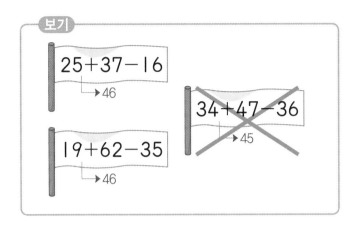

보기

25+37−16
→ 46

19+62−35
→ 46

34+47−36
→ 45

10

47+16−25

24+58−44

32+28−24

11

51−17+36

42−13+44

64−29+38

12

64+28−35

53+37−31

72+29−44

13

91−24+47

83−56+87

64−35+83

14

35+57−19

59+43−27

84−45+34

07 집중 연산 ❷

● 계산 순서를 나타내고 계산해 보세요.

1 35+36+27

2 52−21−18

3 15+38−24

4 63−25+44

5 46+19+24

6 84−39−17

7 29+34−16

8 71−33+54

9 46+47+16

10 41−13−15

11 92−58+26

12 27+45−36

13 24+49+17

14 93−36−29

15 34+37−23

16 65−18+39

17 85−49−28

18 17+27+46

19 73−38+57

20 48+35−24

08 집중 연산 ❸

● 계산해 보세요.

1 58+6+7

2 74−36−9

3 27+38+16

4 81−25−47

5 46+39−28

6 63−17+35

7 73+52−89

8 84−27+67

9 38+74−45

10 43−15+52

11 66+7+9

12 92−47−6

13 38+19+43

14 73−37−28

15 29+73−16

16 51−17+89

17 34+92−77

18 74−35+85

19 57+63−82

20 32−17+94

5 곱셈

너희 덕분에 무사히 탈출하게 되었구나.

뿔짝

뿔짝

아무래도 전 다시 고래 뱃속으로 돌아가야겠어요.

왜 그곳으로 다시 돌아가려고 하니?

사실 전…

고향에 돌아가도 아무도 없어요.

아….

그리고 고래 뱃속에 있으면 하루에 6개씩 도토리를 먹을 수 있었어요.

음~ 수학을 잘하니 도움이 되겠어.

우리랑 같이 살자꾸나! 페페.

도토리도 하루에 6개의 3배를 주마.

우아~ 3배씩이나!

좋아요!

다음 날

할아버지!

할아버지, 도토리 주세요.

아, 맞다.

도토리 6개의 3배라고 했지.

응!

할아버지, 6의 3배이면 몇 개예요?

갑자기 잠이….

드르렁~

연산력 게임

스마트폰을 이용하여 QR을 찍으면 재미있는 연산 게임을 할 수 있습니다.

01 묶어 세기

✤ 2씩 묶어 세기

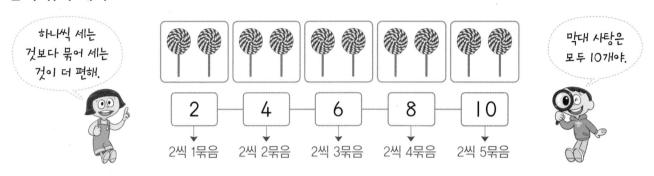

하나씩 세는 것보다 묶어 세는 것이 더 편해.

막대 사탕은 모두 10개야.

2	4	6	8	10
2씩 1묶음	2씩 2묶음	2씩 3묶음	2씩 4묶음	2씩 5묶음

● 몇 개인지 묶어 세어 보세요.

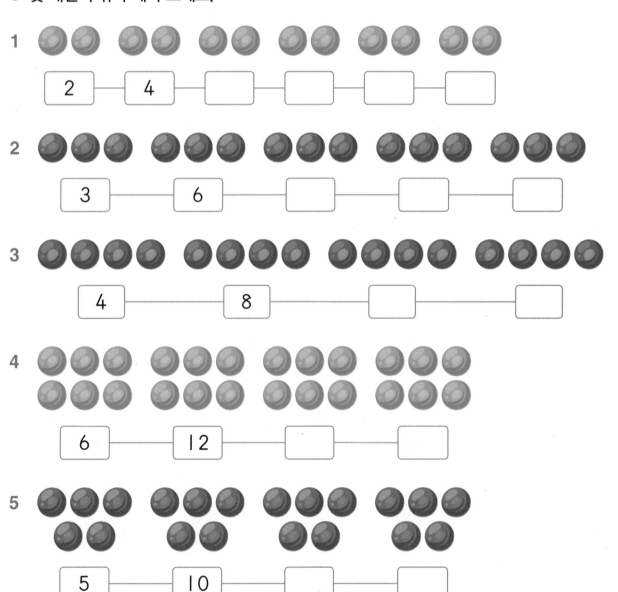

1 2 — 4 — ☐ — ☐ — ☐ — ☐

2 3 — 6 — ☐ — ☐ — ☐

3 4 — 8 — ☐ — ☐

4 6 — 12 — ☐ — ☐

5 5 — 10 — ☐ — ☐

● 주말 농장에서 수확한 채소의 수를 묶어 세어 보세요.

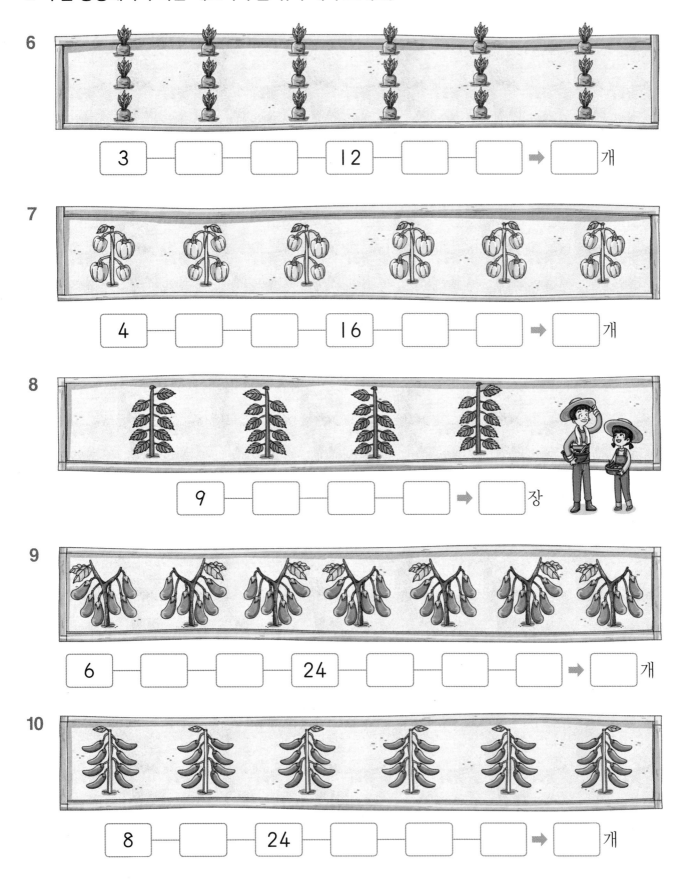

6

| 3 | | | 12 | | | ➡ | | 개 |

7

| 4 | | | 16 | | | ➡ | | 개 |

8

| 9 | | | | ➡ | | 장 |

9

| 6 | | | 24 | | | | ➡ | | 개 |

10

| 8 | | 24 | | | | ➡ | | 개 |

02 몇의 몇 배 알아보기

✜ 3의 4배 알아보기

→ 딸기는 3개씩 4묶음이에요.

3개씩 4묶음 ➡ 3의 4배

3의 4배는 3+3+3+3=12

3의 4배는 3을 4번 더하는 거예요.

● 몇의 몇 배인지 알아보세요.

1

5씩 4묶음 ➡ 5의 [ ]배

2

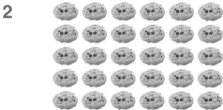

5씩 [ ]묶음 ➡ 5의 [ ]배

3

7씩 [ ]묶음 ➡ 7의 [ ]배

4

4씩 [ ]묶음 ➡ 4의 [ ]배

5

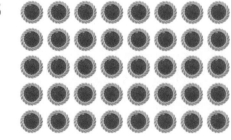

8씩 [ ]묶음 ➡ 8의 [ ]배

6

6씩 [ ]묶음 ➡ 6의 [ ]배

● 각 물건의 수가 몇의 몇 배인지 바르게 표현한 것에 ◯표 하세요.

7 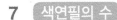 색연필의 수

포	제	아	헤
5씩 6묶음	5씩 7묶음	5씩 6묶음	6씩 5묶음
➡ 6의 5배	➡ 5의 7배	➡ 5의 6배	➡ 6의 5배

8 연필의 수

우	르	세	프
3씩 7묶음	8씩 3묶음	8씩 4묶음	8씩 3묶음
➡ 3의 7배	➡ 8의 3배	➡ 4의 8배	➡ 8의 8배

9 테이프의 수

이	로	메	스
3씩 9묶음	9씩 4묶음	9씩 3묶음	2씩 9묶음
➡ 3의 3배	➡ 9의 4배	➡ 9의 3배	➡ 2의 9배

10 색연필의 수

스	돈	테	디
7씩 4묶음	7씩 6묶음	7씩 6묶음	7씩 5묶음
➡ 7의 4배	➡ 7의 6배	➡ 6의 7배	➡ 7의 5배

 몇의 몇 배인지 바르게 표현한 것의 글자를 차례로 쓰면 그리스 신화에 나오는 신의 이름이 나와요.

7	8	9	10

03 곱셈식 알아보기

✤ 곱셈식 4×5 알아보기

→ 귤은 4개씩 5묶음이에요.

4×5=20은
'4 곱하기 5는
20과 같습니다.'
라고 읽어요.

4의 5배 $4+4+4+4+4=20$ ➡ $4×5=20$

5번 더한 것은 ×5와 같아요.

● ☐ 안에 알맞은 수를 써넣으세요.

1

3의 5배 $3+3+3+3+3=$ ☐ ➡ $3×$ ☐ $=$ ☐

2

5의 4배 $5+5+5+5=$ ☐ ➡ $5×$ ☐ $=$ ☐

3

2의 7배 $2+2+2+2+2+2+2=$ ☐ ➡ $2×$ ☐ $=$ ☐

4

6의 6배 $6+6+6+6+6+6=$ ☐ ➡ $6×$ ☐ $=$ ☐

● 수를 <u>잘못</u> 나타낸 것을 모두 찾아 ✕표 하세요.

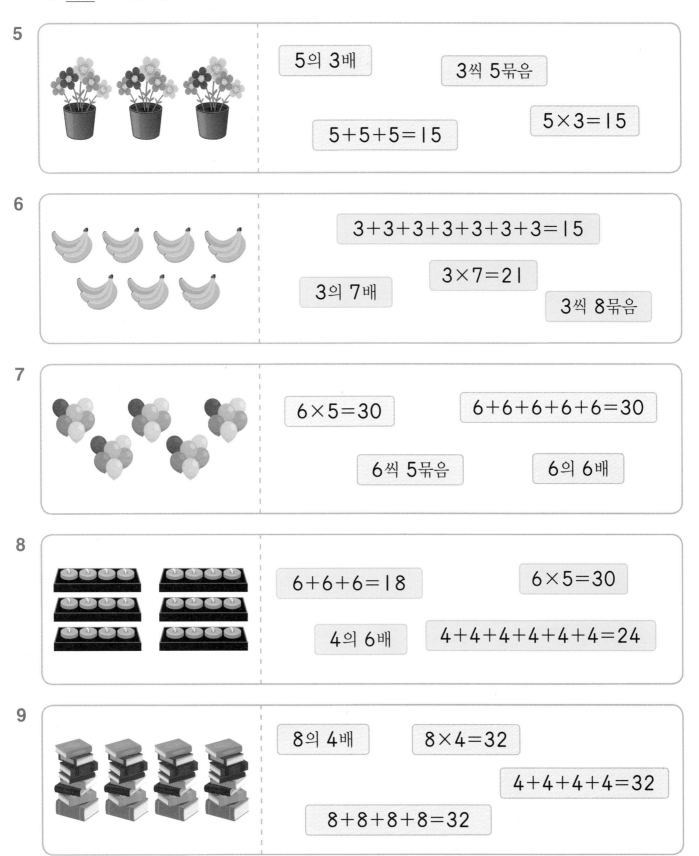

5

5의 3배

3씩 5묶음

5×3=15

5+5+5=15

6

3+3+3+3+3+3+3=15

3×7=21

3의 7배

3씩 8묶음

7

6×5=30

6+6+6+6+6=30

6씩 5묶음

6의 6배

8

6+6+6=18

6×5=30

4의 6배

4+4+4+4+4+4=24

9

8의 4배

8×4=32

4+4+4+4=32

8+8+8+8=32

04 곱셈의 활용

✚ 곱셈을 이용하여 사과의 수 구하기

- 사과의 수 : 6의 3배
- 덧셈식 : 6+6+6=18
- 곱셈식 : 6×3=18

몇 개씩 몇 묶음인지 생각해 봐요!

● 모두 몇 개인지 덧셈식과 곱셈식으로 알아보세요.

1

덧셈식 _____

곱셈식 _____

2

덧셈식 _____

곱셈식 _____

3

덧셈식 _____

곱셈식 _____

4

덧셈식 _____

곱셈식 _____

5

덧셈식 _____

곱셈식 _____

6

덧셈식 _____

곱셈식 _____

● 모양을 주어진 개수만큼 만든다면 필요한 성냥개비는 모두 몇 개인지 구하세요.

7

4개 만들기

3의 4배

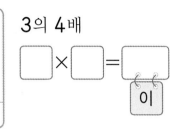

☐ × ☐ = 이

8

6개 만들기

3의 ☐배

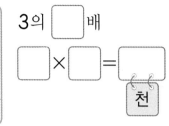

☐ × ☐ = 천

9

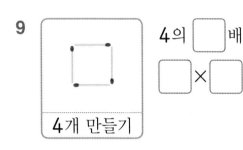

4개 만들기

4의 ☐배

☐ × ☐ = 다

10

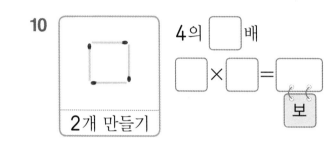

2개 만들기

4의 ☐배

☐ × ☐ = 보

11

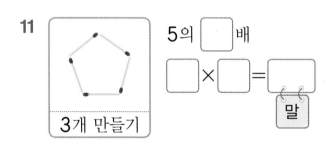

3개 만들기

5의 ☐배

☐ × ☐ = 말

12

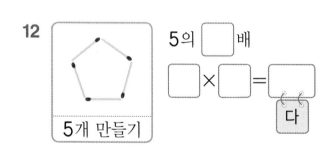

5개 만들기

5의 ☐배

☐ × ☐ = 다

13

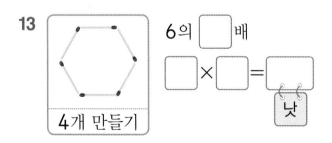

4개 만들기

6의 ☐배

☐ × ☐ = 낫

14

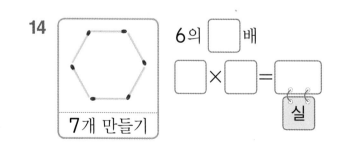

7개 만들기

6의 ☐배

☐ × ☐ = 실

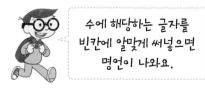

수에 해당하는 글자를 빈칸에 알맞게 써넣으면 명언이 나와요.

42	18	12	15	8	25	24	16

.

05 집중 연산 ❶

● 보기 와 같이 곱셈식을 수직선에 나타내고 덧셈식을 써 보세요.

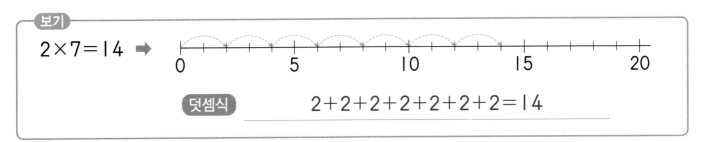

보기

$2 \times 7 = 14$ ➡

덧셈식 $2+2+2+2+2+2+2=14$

---

1   $3 \times 6 = 18$ ➡

덧셈식

---

2   $4 \times 5 = 20$ ➡

덧셈식

---

3   $2 \times 9 = 18$ ➡

덧셈식

---

4   $6 \times 4 = 24$ ➡

덧셈식

● 그림을 보고 ☐ 안에 알맞은 수를 써넣으세요.

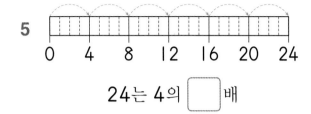

24는 4의 ☐ 배

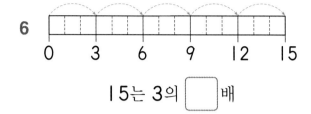

15는 3의 ☐ 배

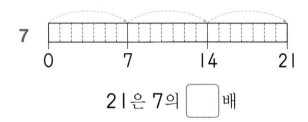

21은 7의 ☐ 배

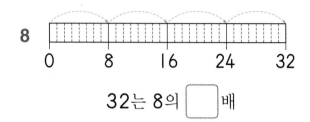

32는 8의 ☐ 배

● ☐ 안에 알맞은 수를 써넣으세요.

9
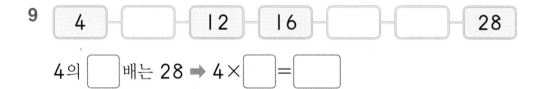

4의 ☐ 배는 28 ➡ 4 × ☐ = ☐

10
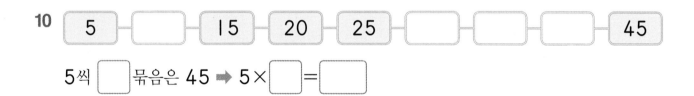

5씩 ☐ 묶음은 45 ➡ 5 × ☐ = ☐

11
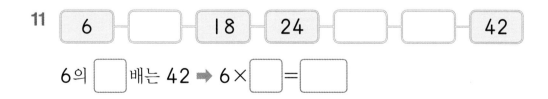

6의 ☐ 배는 42 ➡ 6 × ☐ = ☐

12

| 7 | ☐ | 21 | ☐ | ☐ | 42 | ☐ | 56 |

7의 ☐ 배는 56 ➡ 7 × ☐ = ☐

06 집중 연산 ❷

● ☐ 안에 알맞은 수를 써넣으세요.

1 4씩 7묶음 ┐
　 4의 7배 ┘ ➡ $4 \times \boxed{}$

2 5씩 9묶음 ┐
　 5의 9배 ┘ ➡ $5 \times \boxed{}$

3 6씩 4묶음 ┐
　 6의 4배 ┘ ➡ $\boxed{} \times 4$

4 7씩 9묶음 ┐
　 7의 9배 ┘ ➡ $\boxed{} \times 9$

5 $\boxed{}$씩 4묶음 ┐
　 9의 4배 ┘ ➡ 9×4

6 8씩 5묶음 ┐
　 8의 $\boxed{}$배 ┘ ➡ 8×5

7 5씩 6묶음 ┐
　 5의 6배 ┘ ➡ $\boxed{} \times \boxed{}$

8 7씩 8묶음 ┐
　 7의 8배 ┘ ➡ $\boxed{} \times \boxed{}$

9 5씩 7묶음 ┐
　 5의 7배 ┘ ➡ $\boxed{} \times \boxed{}$

10 9씩 7묶음 ┐
　 9의 7배 ┘ ➡ $\boxed{} \times \boxed{}$

11 6씩 7묶음 ┐
　 6의 $\boxed{}$배 ┘ ➡ $\boxed{} \times \boxed{}$

12 6씩 $\boxed{}$묶음 ┐
　 6의 9배 ┘ ➡ $\boxed{} \times \boxed{}$

● 덧셈식을 계산하고 곱셈식으로 나타내 보세요.

13 $7+7+7+7+7=$ ☐

➡ $7 \times$ ☐ $=$ ☐

14 $9+9+9+9+9=$ ☐

➡ ☐ $\times 5 =$ ☐

15 $8+8+8+8+8+8=$ ☐

➡ ☐ $\times$ ☐ $=$ ☐

16 $4+4+4+4+4=$ ☐

➡ ☐ $\times$ ☐ $=$ ☐

17 $6+6+6=$ ☐

➡ ☐ $\times$ ☐ $=$ ☐

18 $8+8+8+8=$ ☐

➡ ☐ $\times$ ☐ $=$ ☐

19 $7+7+7+7+7+7=$ ☐

➡ ☐ $\times$ ☐ $=$ ☐

20 $9+9+9+9=$ ☐

➡ ☐ $\times$ ☐ $=$ ☐

21 $3+3+3+3+3=$ ☐

➡ ☐ $\times$ ☐ $=$ ☐

22 $8+8+8=$ ☐

➡ ☐ $\times$ ☐ $=$ ☐

23 $5+5+5+5+5+5=$ ☐

➡ ☐ $\times$ ☐ $=$ ☐

24 $2+2+2+2+2+2+2+2=$ ☐

➡ ☐ $\times$ ☐ $=$ ☐

빅터 연산 플러스 알파 $^{+\alpha}$

💡 **빅터의 뺄셈을 알려주겠어!**

뺄셈을 머리셈으로 계산하는 방법을 알아볼까요?

• **86−27의 계산**

$$86 - 27 = 59$$

$\downarrow{+4}$ $\downarrow{+4}$ 결과는 같아요.

몇십으로 → $90 - 31 = 59$
만들어요.

빼지는 수에 어떤 수를 더하면 빼는 수에도 어떤 수를 더해야 해요.

• **93−48의 계산**

$$93 - 48 = 45$$

$\downarrow{-3}$ $\downarrow{-3}$ 결과는 같아요.

몇십으로 → $90 - 45 = 45$
만들어요.

빼지는 수에서 어떤 수를 빼면 빼는 수에서도 어떤 수를 빼야 해요.

♣ 다른 뺄셈도 머리셈으로 계산해 볼까요?

1 $67 - 39 = \boxed{}$

$\downarrow{+3}$ $\downarrow{+3}$

$70 - 42 = \boxed{}$

2 $78 - 49 = \boxed{}$

$\downarrow{+2}$ $\downarrow{+2}$

$80 - 51 = \boxed{}$

3 $73 - 28 = \boxed{}$

$\downarrow{-3}$ $\downarrow{-3}$

$70 - 25 = \boxed{}$

4 $92 - 46 = \boxed{}$

$\downarrow{-2}$ $\downarrow{-2}$

$90 - 44 = \boxed{}$

水 漁 之 交

물 .... 물고기 갈 .... 사귈 ....
수 어 지 교

물고기에게 물은 정말 소중한 존재이지요.
수어지교란 물고기와 물의 관계처럼,
아주 친밀하여 떨어질 수 없는 사이
또는 깊은 우정을 일컫는 말이랍니다.

뭘 좋아할지 몰라 다 준비했어♥
전과목 교재

전과목 시리즈 교재

●무등생 해법시리즈
- 국어/수학   1~6학년, 학기용
- 사회/과학   3~6학년, 학기용
- 봄·여름/가을·겨울   1~2학년, 학기용
- SET(전과목/국수, 국사과)   1~6학년, 학기용

●똑똑한 하루 시리즈
- 똑똑한 하루 독해   예비초~6학년, 총 14권
- 똑똑한 하루 글쓰기   예비초~6학년, 총 14권
- 똑똑한 하루 어휘   예비초~6학년, 총 14권
- 똑똑한 하루 한자   예비초~6학년, 총 14권
- 똑똑한 하루 수학   1~6학년, 학기용
- 똑똑한 하루 계산   예비초~6학년, 총 14권
- 똑똑한 하루 도형   예비초~6학년, 총 8권
- 똑똑한 하루 사고력   1~6학년, 학기용
- 똑똑한 하루 사회/과학   3~6학년, 학기용
- 똑똑한 하루 봄/여름/가을/겨울   1~2학년, 총 8권
- 똑똑한 하루 안전   1~2학년, 총 2권
- 똑똑한 하루 Voca   3~6학년, 학기용
- 똑똑한 하루 Reading   초3~초6, 학기용
- 똑똑한 하루 Grammar   초3~초6, 학기용
- 똑똑한 하루 Phonics   예비초~초등, 총 8권

●독해가 힘이다 시리즈
- 초등 문해력 독해가 힘이다 비문학편   3~6학년
- 초등 수학도 독해가 힘이다   1~6학년, 학기용
- 초등 문해력 독해가 힘이다 문장제수학편   1~6학년, 총 12권

영어 교재

●초등영어 교과서 시리즈
- 파닉스(1~4단계)   3~6학년, 학년용
- 영단어(1~4단계)   3~6학년, 학년용

●LOOK BOOK 영단어   3~6학년, 단행본

●원서 읽는 LOOK BOOK 영단어   3~6학년, 단행본

국가수준 시험 대비 교재

●해법 기초학력 진단평가 문제집   2~6학년·중1 신입생, 총 6권

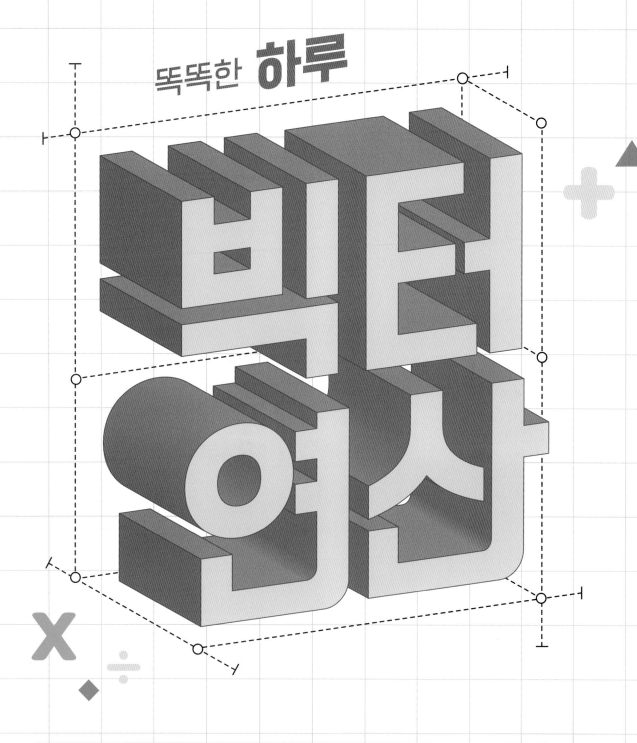

똑똑한 하루

빅터연산

정답 및 풀이 2·B

초등 2 수준

천재교육

정답 및 풀이
포인트 3가지

▶ 쉽게 찾을 수 있는 정답

▶ 알아보기 쉽게 정리된 정답

▶ 혼자서도 이해할 수 있는 친절한 문제 풀이

정답 및 풀이 |2단계 |B권|

1 받아내림이 한 번 있는 뺄셈

01 (몇십)-(한 자리 수) 8~9쪽

1. 19	2. 37
3. 43	4. 24
5. 68	6. 85
7. 56	8. 71
9. 32	10. 23
11. 48	12. 76
13. 64	14. 89
15. 17	16. 51
17. 72	18. 22
19. 49	20. 85
21. 27	

14.
```
    8 10
    9̷ 0
  -   1
    8 9
```

16.
```
    5 10
    6̷ 0
  -   9
    5 1
```

20.
```
    8 10
    9̷ 0
  -   5
    8 5
```

21.
```
    2 10
    3̷ 0
  -   3
    2 7
```

02 (두 자리 수)-(한 자리 수) 10~11쪽

1. 25	2. 17
3. 35	4. 48
5. 55	6. 77
7. 89	8. 68
9. 44	10. 18
11. 28	12. 56, 8, 48
13. 72, 7, 65	14. 64, 8, 56
15. 81, 7, 74	

9.
```
    4 10
    5̷ 2
  -   8
    4 4
```

03 (몇십)-(두 자리 수) (1) 12~13쪽

1. 18	2. 4
3. 35	4. 22
5. 27	6. 26
7. 13	8. 9
9. 21	

10.
```
    8 0
  - 4 9
    3 1
```

11.
```
    4 0
  - 2 6
    1 4
```

12.
```
    6 0
  - 3 7
    2 3
```

13.
```
    5 0
  - 2 9
    2 1
```

14.
```
    9 0
  - 5 8
    3 2
```

15.
```
    3 0
  - 1 4
    1 6
```

16.
```
    2 0
  - 1 3
      7
```

04 (몇십)-(두 자리 수) (2)　14~15쪽

1. 17, 37, 47
2. 29, 13, 35
3. 69, 46, 58
4. 21, 12, 65
5. 46, 19, 49
6. 19, 34, 47

7.
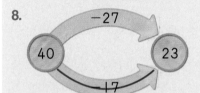

8.
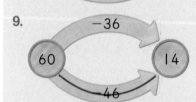

9.
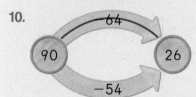

10.
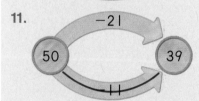

11.
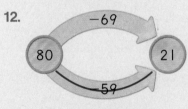

12.
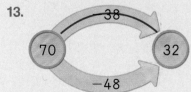

13.
70 ─38→ 32 ─48→

05 (두 자리 수)-(두 자리 수) (1)　16~17쪽

1. 17
2. 25
3. 16
4. 49
5. 8
6. 35
7. 48
8. 9
9. 46

10.
```
    8 3
  - 3 8
    4 5 (초)
```

11.
```
    6 5
  - 2 9
    3 6 (초)
```

12.
```
    6 5
  - 5 6
      9 (초)
```

13.
```
    9 1
  - 5 6
    3 5 (초)
```

14.
```
    9 1
  - 2 9
    6 2 (초)
```

15.
```
    8 3
  - 2 9
    5 4 (초)
```

16.
```
    8 3
  - 5 6
    2 7 (초)
```

8.
```
    1 10
    2̸ 8
  - 1 9
      9
```

9.
```
    6 10
    7̸ 2
  - 2 6
    4 6
```

06 (두 자리 수)−(두 자리 수) (2) **18~19**쪽

1. 17, 27, 27
2. 39, 17, 35
3. 38, 29, 57
4. 17, 49, 15
5. 7, 28, 29
6. 58, 32, 17
7. 35
8. 9
9. 73, 45, 28
10. 73, 37, 36
11. 45, 19, 26
12. 91, 19, 72
13. 45, 37, 8
14. 91, 54, 37

07 여러 가지 방법으로 뺄셈하기 (1) **20~21**쪽

1. 2 8 − 1 9
18
9

2. 5 3 − 3 6
23
17

3. 7 0 − 5 1
20
19

4. 6 1 − 2 5
41
36

5. 8 0 − 4 7
40
33

6. 4 3 − 2 5
23
18

7. 9 0 − 1 1
80
79

8. 3 2 − 1 4
22
18

9. 4 1 − 2 5
21
16 는

10. 9 1 − 3 9
61
52 지

11. 7 4 − 1 7
64
57 있

12. 7 1 − 2 9
51
42 뭐

13. 6 0 − 2 8
40
32 것

14. 3 1 − 1 8
21
13 수

15. 8 1 − 5 8
31
23 릴

16. 7 2 − 3 9
42
33 든

17. 5 0 − 2 6
30
24 가

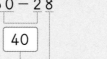 뭐든지 가릴 수 있는 것? ; 눈꺼풀

15. 81−50=31, 31−8=23
16. 72−30=42, 42−9=33
17. 50−20=30, 30−6=24

08 여러 가지 방법으로 뺄셈하기 (2) **22~23**쪽

1. 6 6 − 2 9
57
37

2. 4 1 − 3 3
38
8

3. 7 3 − 1 8
65
55

4. 5 2 − 3 8
44
14

5. $8\,2 - 4\,9$

73

33

6. $5\,0 - 1\,1$

49

39

7. $9\,1 - 6\,9$

82

22

8. $7\,7 - 4\,8$

69

29

9. $6\,1 - 2\,8$

53

33 [급]

10. $7\,2 - 4\,9$

63

23 [장]

11. $4\,3 - 1\,7$

36

26 [이]

12. $3\,0 - 1\,7$

23

13 [은]

13. $8\,4 - 3\,9$

75

45 [가]

14. $7\,1 - 1\,8$

63

53 [높]

15. $8\,1 - 3\,7$

74

44 [균]

16. $6\,0 - 2\,9$

51

31 [계]

17. $9\,5 - 6\,8$

87

27 [세]

[수수께끼] 계급이 가장 높은 세균? ; 대장균

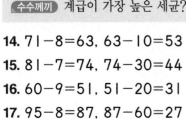

14. $71-8=63,\ 63-10=53$

15. $81-7=74,\ 74-30=44$

16. $60-9=51,\ 51-20=31$

17. $95-8=87,\ 87-60=27$

09 두 자리 수끼리의 뺄셈 [24~25쪽]

1. 11   2. 33
3. 65   4. 24
5. 75   6. 14
7. 39   8. 28
9. 29   10. 56, 17

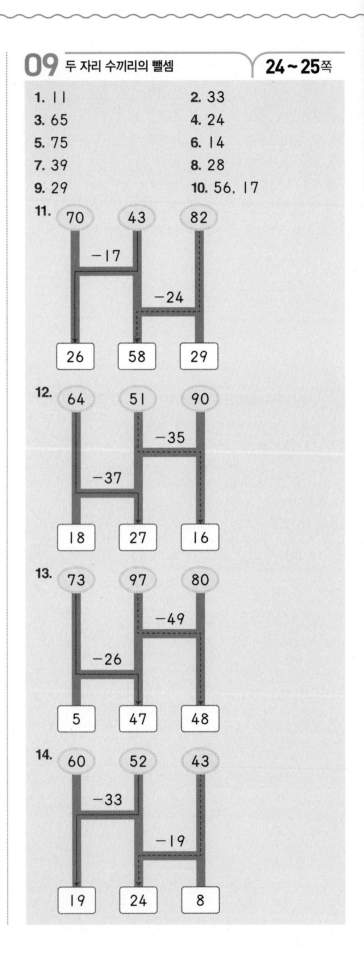

10 (백몇십)−(몇십) 26~27쪽

1. 70, 60, 50
2. 90, 90, 60
3. 70, 40, 90
4. 70, 70, 70
5. 30, 60, 80
6. 50, 90, 90
7. 80
8. 40
9. 80, 60
10. 60, 50
11. 160, 80, 80
12. 120, 70, 50
13. 150, 60, 90
14. 130, 70, 60

11 (백의 자리 숫자가 1인 세 자리 수)−(두 자리 수) (1) 28~29쪽

1. 116
2. 106
3. 119
4. 128
5. 124
6. 136
7. 136
8. 127
9. 129
10. 125
11. 176
12. 149
13. 147
14. 114
15. 158
16. 138
17. 129
18. 115

곱슬거리는 연갈색 털 ;   에 ○표

8.

	3	10
1	4̶	6
−	1	9
1	2	7

9.

	7	10
1	8̶	8
−	5	9
1	2	9

12 (백의 자리 숫자가 1인 세 자리 수)−(두 자리 수) (2) 30~31쪽

1. 119, 139, 139
2. 119, 157, 119
3. 158, 137, 123
4. 138, 157, 118
5. 176, 137, 118
6. 127, 149, 137

7.

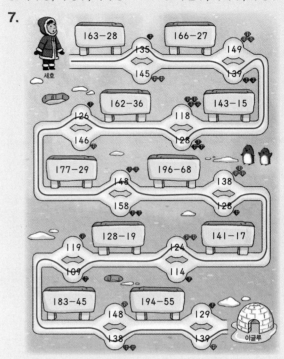

16개

13 길이의 차 32~33쪽

1. 22 ; 22
2. 34 ; 34
3. 73−59=14 ; 14
4. 82−36=46 ; 46
5. 65−37=28 ; 28
6. 44−18=26 ; 26
7. 61 ; 61
8. 44 ; 44
9. 70−45=25 ; 25
10. 61−45=16 ; 16
11. 61−9=52 ; 52
12. 61−26=35 ; 35

14 집중 연산 ❶

1.

190	60	42
	130	18
		112

2.

9	90	72
	81	18
		63

3.

33	52	6
	19	46
		27

4.

51	25	70
	26	45
		19

5.

180	32	61
	148	29
		119

6.

63	29	80
	34	51
		17

7.

173	26	55
	147	29
		118

8.

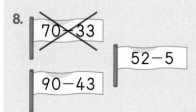

70-33 (X)
52-5
90-43

9.

41-29
80-68
61-39 (X)

10.

33-4
65-26 (X)
74-45

11.

50-39
130-50 (X)
60-49

12.

120-60 (X)
150-80
110-40

13.

145-19
191-65
192-85 (X)

14.

132-16 (X)
171-65
144-38

1. 190-60=130, 60-42=18,
130-18=112

2. 90-9=81, 90-72=18,
81-18=63

3. 52-33=19, 52-6=46,
46-19=27

4. 51−25=26, 70−25=45,
   45−26=19
5. 180−32=148, 61−32=29,
   148−29=119
6. 63−29=34, 80−29=51,
   51−34=17
7. 173−26=147, 55−26=29,
   147−29=118
8. 70−33=37, 52−5=47,
   90−43=47
9. 41−29=12, 80−68=12,
   61−39=22
10. 33−4=29, 65−26=39,
    74−45=29
11. 50−39=11, 130−50=80,
    60−49=11
12. 120−60=60, 150−80=70,
    110−40=70
13. 145−19=126, 191−65=126,
    192−85=107
14. 132−16=116, 171−65=106,
    144−38=106

15. 129
16. 17
17. 36
18. 25
19. 18
20. 49
21. 17
22. 18
23. 26
24. 38
25. 90
26. 125
27. 118
28. 119
29. 70
30. 117

28.
$$
\begin{array}{r}
^{3}^{10} \\
1\ \not{4}\ 8 \\
-\ \ \ 2\ 9 \\
\hline
1\ 1\ 9
\end{array}
$$

29.
$$
\begin{array}{r}
^{10} \\
\not{1}\ 5\ 0 \\
-\ \ \ 8\ 0 \\
\hline
7\ 0
\end{array}
$$

30.
$$
\begin{array}{r}
^{8}^{10} \\
1\ \not{9}\ 5 \\
-\ \ \ 7\ 8 \\
\hline
1\ 1\ 7
\end{array}
$$

15 집중 연산 ❷   36~37쪽

1. 53
2. 27
3. 48
4. 58
5. 8
6. 49
7. 18
8. 37
9. 33
10. 70
11. 40
12. 139
13. 147
14. 134

16 집중 연산 ❸   38~39쪽

1. 14, 62
2. 13, 45
3. 28, 18
4. 29, 16
5. 28, 29
6. 35, 19
7. 80, 60
8. 80, 70
9. 145, 117
10. 117, 118
11. 37, 45
12. 46, 51
13. 38, 24
14. 37, 36
15. 16, 67
16. 57, 18
17. 70, 90
18. 40, 90
19. 118, 115
20. 149, 138

2 받아내림이 두 번 있는 뺄셈

01 (백몇십)−(두 자리 수) ⑴ 42~43쪽

1. 83	2. 76
3. 78	4. 95
5. 68	6. 83
7. 84	8. 95
9. 97	10. 63
11. 67	12. 66
13. 65	14. 79
15. 64	16. 96
17. 97	18. 56

수수께끼 모래가 눈물을 흘리면? ; 흙흙

7.
```
   17 10
   ⫻ 8 0
 −   9 6
     8 4
```

8.
```
   13 10
   ⫻ 4 0
 −   4 5
     9 5
```

9.
```
   18 10
   ⫻ 9 0
 −   9 3
     9 7
```

02 (백몇십)−(두 자리 수) ⑵ 44~45쪽

1. 62, 49, 83	2. 84, 66, 97
3. 84, 56, 75	4. 86, 77, 82
5. 77, 85, 93	6. 78, 36, 74
7. 98	8. 54, 54
9. 34, 96, 96	10. 110, 58, 58
11. 110, 34, 76, 76	
12. 150, 76, 74, 74	

03 (백의 자리 숫자가 1인 세 자리 수) −(두 자리 수) ⑴ 46~47쪽

1. 79	2. 65
3. 69	4. 48
5. 98	6. 57
7. 73	8. 49
9. 68	10. 76
11. 56	12. 75
13. 69	14. 57
15. 66	16. 86
17. 78	18. 88
19. 96	

; 황금

반 56	백 57	황 58	걸 88
지 69	못 76	고 78	갑 66
이 86	금 92	석 96	도 75

4.
```
   11 10
   ⫻ 2 6
 −   7 8
     4 8
```

5.
```
   15 10
   ⫻ 6 5
 −   6 7
     9 8
```

6.
```
   10 10
   ⫻ ⫻ 6
 −   5 9
     5 7
```

7.
```
   15 10
   ⫻ 6 1
 −   8 8
     7 3
```

8.

$$\begin{array}{r} \overset{11}{\cancel{1}}\ \overset{10}{2}\ 4 \\ -\quad 7\ 5 \\ \hline 4\ 9 \end{array}$$

9.

$$\begin{array}{r} \overset{12}{\cancel{1}}\ \overset{10}{3}\ 7 \\ -\quad 6\ 9 \\ \hline 6\ 8 \end{array}$$

04 (백의 자리 숫자가 1인 세 자리 수) −(두 자리 수) ⑵ 48~49쪽

1. 78, 57, 69   2. 67, 44, 86
3. 66, 55, 27   4. 88, 49, 76
5. 83, 68, 55   6. 87, 69, 76
7. 43   8. 65
9. 76, 39   10. 132, 58, 74
11. 141, 58, 83   12. 115, 89, 26

9. 115−76=39
10. 132−58=74
11. 141−58=83
12. 115−89=26

05 100−(두 자리 수) 50~51쪽

1. 49   2. 15
3. 75   4. 67
5. 36   6. 83
7. 7   8. 54
9. 71   10. 85
11. 39   12. 26
13. 8   14. 13
15. 61   16. 45
17. 27   18. 76
19. 64   20. 57
21. 31

2.

$$\begin{array}{r} \overset{9}{\cancel{1}}\ \overset{10}{0}\ 0 \\ -\quad 8\ 5 \\ \hline 1\ 5 \end{array}$$

3.

$$\begin{array}{r} \overset{9}{\cancel{1}}\ \overset{10}{0}\ 0 \\ -\quad 2\ 5 \\ \hline 7\ 5 \end{array}$$

4.

$$\begin{array}{r} \overset{9}{\cancel{1}}\ \overset{10}{0}\ 0 \\ -\quad 3\ 3 \\ \hline 6\ 7 \end{array}$$

5.

$$\begin{array}{r} \overset{9}{\cancel{1}}\ \overset{10}{0}\ 0 \\ -\quad 6\ 4 \\ \hline 3\ 6 \end{array}$$

6.

$$\begin{array}{r} \overset{9}{\cancel{1}}\ \overset{10}{0}\ 0 \\ -\quad 1\ 7 \\ \hline 8\ 3 \end{array}$$

7.

$$\begin{array}{r} \overset{9}{\cancel{1}}\ \overset{10}{0}\ 0 \\ -\quad 9\ 3 \\ \hline 7 \end{array}$$

8.

$$\begin{array}{r} \overset{9}{\cancel{1}}\ \overset{10}{0}\ 0 \\ -\quad 4\ 6 \\ \hline 5\ 4 \end{array}$$

9.

$$\begin{array}{r} \overset{9}{\cancel{1}}\ \overset{10}{0}\ 0 \\ -\quad 2\ 9 \\ \hline 7\ 1 \end{array}$$

06 (백의 자리 숫자가 1, 십의 자리 숫자가 0인 세 자리 수)−(두 자리 수) 52~53쪽

1. 49
2. 58
3. 19
4. 18
5. 6
6. 48
7. 48
8. 35
9. 87
10. 103−76=27 ; 27
11. 105−87=18 ; 18
12. 105−76=29 ; 29
13. 103−87=16 ; 16
14. 102−76=26 ; 26

2.
```
      9 10
   1̶  0  2
 −    4  4
      5  8
```

3.
```
      9 10
   1̶  0  1
 −    8  2
      1  9
```

4.
```
      9 10
   1̶  0  3
 −    8  5
      1  8
```

5.
```
      9 10
   1̶  0  1
 −    9  5
         6
```

6.
```
      9 10
   1̶  0  6
 −    5  8
      4  8
```

7.
```
      9 10
   1̶  0  7
 −    5  9
      4  8
```

8.
```
      9 10
   1̶  0  2
 −    6  7
      3  5
```

9.
```
      9 10
   1̶  0  6
 −    1  9
      8  7
```

07 세 자리 수와 두 자리 수의 뺄셈 54~55쪽

1. 35, 45, 65
2. 68, 75, 59
3. 66, 89, 77
4. 76, 68, 66
5. 44, 53, 62
6. 5, 16, 27

7.
```
   1  2  0
 −    3  5
      8  5
```

8.
```
   1  6  0
 −    7  3
      8  7
```

9.
```
   1  4  3
 −    5  8
      8  5
```

10.
```
   1  3  6
 −    4  8
      8  8
```

11.
```
   1  0  0
 −    7  6
      2  4
```

12.
```
   1  0  4
 −    9  9
         5
```

2.

	14	10			14	10			14	10
~~1~~	~~5~~	0		~~1~~	~~5~~	0		~~1~~	~~5~~	0
−	8	2	−		7	5	−		9	1
	6	8			7	5			5	9

4.

	13	10			13	10			13	10
~~1~~	~~4~~	3		~~1~~	~~4~~	3		~~1~~	~~4~~	3
−	6	7	−		7	5	−		7	7
	7	6			6	8			6	6

6.

	9	10			9	10			9	10
~~1~~	0	1		~~1~~	0	1		~~1~~	0	1
−	9	6	−		8	5	−		7	4
		5			1	6			2	7

08 집중 연산 ❶   56~57쪽

1. 87, 76   2. 87, 38
3. 35, 17   4. 44, 6
5. 96   6. 91
7. 89   8. 99
9. 73   10. 27
11. 87, 93   12. 44, 48
13. 57, 87   14. 83, 88
15. 65, 69   16. 46, 72
17. 6, 76   18. 22, 82
19. 48, 69   20. 69, 63
21. 64, 29   22. 51, 87

11. 114−27=87, 120−27=93
13. 110−53=57, 140−53=87
15. 100−35=65, 104−35=69
17. 100−94=6, 170−94=76
19. 111−63=48, 132−63=69
21. 140−76=64, 105−76=29

09 집중 연산 ❷   58~59쪽

1. 38   2. 41
3. 73   4. 54
5. 75   6. 57
7. 41   8. 26
9. 87   10. 89
11. 55   12. 78
13. 37   14. 43
15. 58   16. 54
17. 88   18. 66
19. 92   20. 45
21. 78   22. 46
23. 74   24. 68
25. 78   26. 94
27. 89   28. 86
29. 87   30. 75

10 집중 연산 ❸   60~61쪽

1. 75, 58   2. 89, 66
3. 77, 59   4. 88, 57
5. 79, 97   6. 99, 85
7. 88, 29   8. 98, 19
9. 78, 87   10. 59, 89
11. 81, 25   12. 84, 66
13. 87, 46   14. 69, 83
15. 42, 87   16. 55, 25
17. 69, 87   18. 59, 47
19. 69, 56   20. 12, 14

3 덧셈과 뺄셈의 관계

01 덧셈식을 보고 뺄셈식 만들기 64~65쪽

1. 29
2. 37
3. 38, 15
4. 35, 47
5. 39, 24
6. 18
7. 33
8. 45
9. 34
10. 23
11. 37
12. 27
13. 19
14. 68
15. 57

수수께끼 비만 오면 활짝 피는 것은? ; 우산

02 뺄셈식을 보고 덧셈식 만들기 66~67쪽

1. 18
2. 22
3. 14, 47
4. 35, 29
5. 24, 24
6. 55, 27
7. 27, 55
8. 36, 36, 53
9. 19, 35, 19
10. 29, 77, 29, 77
11. 18, 45, 18, 45
12. 48, 83, 48, 35
13. 66, 80, 66, 80

03 식을 완성하고 덧셈식 또는 뺄셈식으로 나타내기 68~69쪽

1. 18, 18
2. 26, 26
3. 25 ; 42, 25
4. 34 ; 34, 51
5. 55 ; 82, 55
6. 60, 33 ; 27, 60
7. 28, 41 ; 41, 28 ; 41, 13
8. 17, 55 ; 55, 17 ; 55, 17, 38
9. 85, 26 ; 26, 85 ; 26, 59
10. 61, 37 ; 37, 61 ; 37, 24, 61

04 어떤 수를 □로 나타내기 70~71쪽

1. $8+\square=14$
2. $12+\square=21$
3. $4+\square=30$
4. $15+\square=25$
5. $23+\square=31$
6. $17+\square=35$
7. $15-\square=8$
8. $42-\square=13$
9. $25-\square=9$
10. $33-\square=15$
11. $50-\square=33$
12. $51-\square=40$
13. $45-\square=27$

05 덧셈식에서 □의 값 구하기 (1) 72~73쪽

1. 9
2. 8, 12
3. 13, 9
4. 9, 14
5. 30, 30, 14, 16
6. 7, 26, 7, 19
7. 7
8. 71, 59
9. 9, 19
10. 16, 15
11. 30, 17, 13
12. 34, 26, 8
13. 41, 25, 16
14. 51, 22, 29

연상퀴즈 나무 인형, 거짓말, 코 ; 피노키오

06 덧셈식에서 □의 값 구하기 (2) · 74~75쪽

1. 8	2. 12, 19
3. 18, 16	4. 13, 15
5. 51, 51, 13, 38	6. 26, 54, 26, 28
7. 47, 39, 35	8. 39, 25, 46
9. 44, 22, 39	10. 21, 38, 27
11. 33, 14, 46	12. 56, 35, 47

7. □+19=66
    66−19=□, □=47

    □+27=66
    66−27=□, □=39

    □+31=66
    66−31=□, □=35

8. □+34=73
    73−34=□, □=39

    □+48=73
    73−48=□, □=25

    □+27=73
    73−27=□, □=46

9. □+49=93
    93−49=□, □=44

    □+71=93
    93−71=□, □=22

    □+54=93
    93−54=□, □=39

10. □+63=84
    84−63=□, □=21

    □+46=84
    84−46=□, □=38

    □+57=84
    84−57=□, □=27

11. □+29=62
    62−29=□, □=33

    □+48=62
    62−48=□, □=14

    □+16=62
    62−16=□, □=46

12. □+16=72
    72−16=□, □=56

    □+37=72
    72−37=□, □=35

    □+25=72
    72−25=□, □=47

07 뺄셈식에서 □의 값 구하기 (1) · 76~77쪽

1. 4	2. 7, 4
3. 7, 7, 5	4. 14, 14, 9
5. 8, 15, 8, 7	6. 17, 17, 9, 8
7. 36, 5	8. 49, 12
9. 80, 11	10. 32, 6
11. 43, 17, 26	12. 51, 28, 23
13. 55, 39, 16	14. 60, 22, 38

연상퀴즈 백설공주, 빨강, 과일 ; 사과

08 뺄셈식에서 □의 값 구하기 (2) · 78~79쪽

1. 14, 42	2. 15, 32
3. 15, 31	4. 18, 44
5. 27, 27, 13, 40	6. 19, 19, 34, 53
7. 8, 33	8. 18, 54
9. 15, 62	10. 7, 23, 30
11. 9, 29, 38	12. 16, 19, 35
13. 18, 15, 33	

09 □의 값 구하기

1. 19, 38
2. 40, 46
3. 36, 8
4. 11, 17
5. 7, 58
6. 51, 86
7. 15, 18
8. 45, 23

9.

```
(23) (69)   (27) (48)
   +           +
  [92]        [75]
       ---
        -
      [17]
```

10.

```
(18) (28)   (7) (9)
   +          +
  [46]       [16]
       ---
        -
      [30]
```

11.

```
(17) (15)   (12) (14)
   +           +
  [32]        [26]
       ---
        -
       [6]
```

12.

```
(25) (27)   (9) (18)
   +          +
  [52]       [27]
       ---
        -
      [25]
```

13.

```
(19) (31)   (8) (26)
   +          +
  [50]       [34]
       ---
        -
      [16]
```

1. $16+\square=35$
   $35-16=\square$, $\square=19$
   $28+\square=66$
   $66-28=\square$, $\square=38$

2. $\square-4=36$
   $36+4=\square$, $\square=40$
   $\square-19=27$
   $27+19=\square$, $\square=46$

5. $86+\square=93$
   $93-86=\square$, $\square=7$
   $25+\square=83$
   $83-25=\square$, $\square=58$

6. $\square-12=39$
   $39+12=\square$, $\square=51$
   $\square-19=67$
   $67+19=\square$, $\square=86$

9. $23+\square=92$
   $92-23=\square$, $\square=69$
   $\square+48=75$
   $75-48=\square$, $\square=27$
   ⇨ $92-75=17$

10. $18+28=46$
    $7+\square=16$
    $16-7=\square$, $\square=9$
    ⇨ $46-16=30$

11. $17+\square=32$
    $32-17=\square$, $\square=15$
    $12+14=26$
    ⇨ $32-26=6$

12. $25+27=52$
    $9+\square=27$
    $27-9=\square$, $\square=18$
    ⇨ $52-27=25$

10 집중 연산 ❶   82~83쪽

1. 90, 90, 90
2. 19, 19, 19
3. 61 ; 61, 25 ; 61, 36
4. 17 ; 17, 51 ; 17, 51
5. 71 ; 71, 27 ; 71, 27
6. 16 ; 16, 62 ; 16, 46, 62
7. 81 ; 81, 12 ; 81, 69, 12
8. 22 ; 22, 81 ; 22, 59, 81

9.

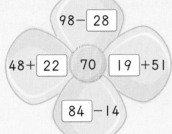

10.

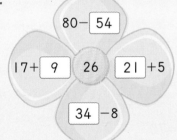

11.

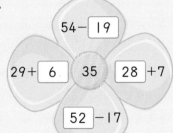

12.

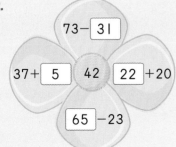

13.

$$92 - \boxed{38}$$
$$\boxed{29} + 25 \quad 54 \quad 39 + \boxed{15}$$
$$81 - \boxed{27}$$

14.

$$79 - \boxed{19}$$
$$\boxed{17} + 43 \quad 60 \quad 36 + \boxed{24}$$
$$\boxed{77} - 17$$

11 집중 연산 ❷   84~85쪽

1. 39 ; 39, 28
2. 62 ; 15, 62
3. 53 ; 53, 38 ; 53, 15
4. 18 ; 18, 54 ; 18, 54
5. 19 ; 71, 19 ; 71, 19
6. 28 ; 28, 63 ; 28, 63
7. 33 ; 60, 33 ; 60, 27, 33
8. 29 ; 29, 41 ; 12, 29, 41
9. 19 ; 47, 28 ; 47, 28, 19
10. 25 ; 25, 62 ; 25, 37, 62

11. 73 ; 73, 46 ; 73, 27
12. 26 ; 26, 71 ; 26, 71
13. 28 ; 93, 28, 65 ; 93, 28
14. 27 ; 27, 83 ; 27, 83
15. 39 ; 75, 36, 39 ; 75, 39
16. 28 ; 19, 28, 47 ; 28, 47
17. 28 ; 82, 28, 54 ; 82, 28
18. 38 ; 38, 64 ; 38, 26, 64
19. 28 ; 46, 28 ; 46, 18, 28
20. 25 ; 25, 52 ; 27, 25, 52

12 집중 연산 ❸   86~87쪽

1. 37, 46	2. 38, 48
3. 24, 47	4. 26, 49
5. 19, 48	6. 37, 23
7. 68, 24	8. 39, 26
9. 25, 48	10. 71, 73
11. 41, 52	12. 82, 55
13. 27, 48	14. 22, 91
15. 70, 37	16. 46, 57
17. 46, 35	18. 19, 17
19. 47, 48	20. 26, 29
21. 18, 28	22. 9, 39
23. 23, 14	24. 17, 47
25. 24, 51	26. 55, 81
27. 34, 51	28. 18, 45
29. 24, 90	30. 29, 65

1. $27+\square=64$
   $64-27=\square$, $\square=37$
   $35+\square=81$
   $81-35=\square$, $\square=46$

2. $18+\square=56$
   $56-18=\square$, $\square=38$
   $49+\square=97$
   $97-49=\square$, $\square=48$

3. $16+\square=40$
   $40-16=\square$, $\square=24$
   $28+\square=75$
   $75-28=\square$, $\square=47$

13. $75-\square=48$
    $75-48=\square$, $\square=27$
    $35+\square=83$
    $83-35=\square$, $\square=48$

14. $29+\square=51$
    $51-29=\square$, $\square=22$
    $\square-76=15$
    $76+15=\square$, $\square=91$

15. $\square-47=23$
    $47+23=\square$, $\square=70$
    $\square+57=94$
    $94-57=\square$, $\square=37$

28. $67+\square=85$
    $85-67=\square$, $\square=18$
    $73-\square=28$
    $73-28=\square$, $\square=45$

29. $46+\square=70$
    $70-46=\square$, $\square=24$
    $\square-63=27$
    $63+27=\square$, $\square=90$

30. $\square+48=77$
    $77-48=\square$, $\square=29$
    $\square-28=37$
    $28+37=\square$, $\square=65$

4 세 수의 계산

01 세 수의 덧셈 90~91쪽

1. 53	2. 40
3. 69, 110	4. 37, 100
5. 92, 66, 158	6. 92, 18, 110
7. 77	8. 88
9. 110	10. 99
11. 117	12. 79
13. 112	14. 118
15. 97	

7. 33+29+15=77
      62
         77

8. 45+27+16=88
      72
         88

9. 15+35+60=110
      50
        110

10. 24+47+28=99
      71
         99

11. 71+17+29=117
      88
        117

12. 38+25+16=79
      63
         79

13. 57+26+29=112
      83
        112

14. 66+37+15=118
     103
        118

15. 25+48+24=97
      73
        97

02 세 수의 뺄셈 92~93쪽

1. 58	2. 27
3. 55, 38	4. 45, 39
5. 74, 49, 25	6. 81, 66
7. 21	8. 18
9. 18	10. 28
11. 17	12. 29
13. 9	14. 19

13번에 ○표

7. 84-17-46=21
      67
        21

8. 42-9-15=18
      33
        18

9. 65-29-18=18
      36
        18

10. 93-37-28=28
      56
        28

11. 57-18-22=17
      39
        17

12. 76-28-19=29
      48
        29

13. 102-36-57=9
      66
         9

14. 113-68-26=19
      45
         19

03 세 수의 덧셈과 뺄셈 (1) | 94~95쪽

1. $54+37-56=$ [35]
91
[35]

2. $67+8-6=$ [69]

$$\begin{array}{r} 6\ 7 \\ +\ \ 8 \\ \hline 7\ 5 \end{array} \qquad \begin{array}{r} 7\ 5 \\ -\ \ 6 \\ \hline [6\ 9] \end{array}$$

3. $65+26-39=$ [52]
[91]
[52]

4. $83+15-49=$ [49]

$$\begin{array}{r} 8\ 3 \\ +1\ 5 \\ \hline [9\ 8] \end{array} \qquad \begin{array}{r} [9\ 8] \\ -4\ 9 \\ \hline [4\ 9] \end{array}$$

5. $51+39-13=$ [77]
[90]
[77]

6. $48+63-54=$ [57]

$$\begin{array}{r} 4\ 8 \\ +6\ 3 \\ \hline [1\ 1\ 1] \end{array} \qquad \begin{array}{r} [1\ 1\ 1] \\ -\ \ 5\ 4 \\ \hline [5\ 7] \end{array}$$

7. 춘에 ○표 **8.** 하에 ○표
9. 추에 ○표 **10.** 동에 ○표

춘하추동

7. $64+17-25=56$, $71+19-33=57$
81 → 56   90 → 57

8. $55+16-14=57$, $43+28-19=52$
71 → 57   71 → 52

9. $68+25-34=59$, $75+29-46=58$
93 → 59   104 → 58

10. $88+16-47=57$, $93+24-59=58$
104 → 57   117 → 58

04 세 수의 덧셈과 뺄셈 (2) | 96~97쪽

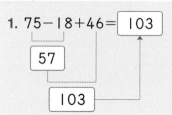

1. $75-18+46=$ [103]
[57]
[103]

2. $47-29+66=$ [84]
[18]
[84]

3. $64-36+28=$ [56]
[28]
[56]

4. $95-67+89=$ [117]
[28]
[117]

5. $46-38+92=\boxed{100}$

$\boxed{8}$

$\boxed{100}$

6. $77-29+65=\boxed{113}$

$\boxed{48}$

$\boxed{113}$

7. 76   **8.** 93

9. 104   **10.** 99

11. 83   **12.** 87

13. 125   **14.** 103

 76 수 104 미   66 공 87 박

 93 관   105 이 99 영   73 원

96 놀 103 창 125 족 83 울

; 놀이공원

7. $54-17+39=76$

37

76

8. $48-19+64=93$

29

93

9. $24-18+98=104$

6

104

10. $80-49+68=99$

31

99

11. $72-46+57=83$

26

83

12. $63-25+49=87$

38

87

13. $81-33+77=125$

48

125

14. $36-18+85=103$

18

103

05 세 수의 계산   98~99쪽

1. $\boxed{74-55}+42$

$\boxed{19}+42=\boxed{61}$

2. $43+15+77=\boxed{135}$

$\boxed{58}$

$\boxed{135}$

3. $\boxed{66+28}-56$

$\boxed{94}-\boxed{56}=\boxed{38}$

4. $82-16+65=\boxed{131}$

$\boxed{66}$

$\boxed{131}$

5. $\boxed{90+36}-35$

$\downarrow$

$\boxed{126}-\boxed{35}=\boxed{91}$

6. $53-9-8=\boxed{36}$

$\boxed{44}$

$\boxed{36}$

7. 88
8. 78
9. 23
10. 19
11. 78
12. 110
13. 105
14. 108
15. 73

3개

7. $67+39-18=88$
106
88

8. $76-7+9=78$
69
78

9. $35+16-28=23$
51
23

10. $42-19-4=19$
23
19

13. $72-54+87=105$
18
105

14. $79+52-23=108$
131
108

06 집중 연산 ❶ 100~101쪽

1. 84
2. 82
3. 72
4. 99
5. 61
6. 29
7. 55, 37
8. 51, 53
9. 23, 8

10.

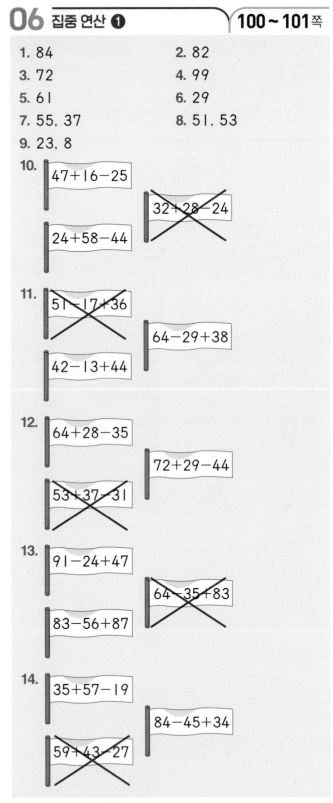

11.

12.

13.

14.

1. $42+18+24=84$
2. $25+46+11=82$
6. $36-16+9=29$

7. $47-4-6=37$
$88-29-4=55$

8. $77-13-11=53$
$90-28-11=51$

9. $63-47-8=8$
$60-29-8=23$

10. $47+16-25=38$, $32+28-24=36$,
$24+58-44=38$

11. $51-17+36=70$, $64-29+38=73$,
$42-13+44=73$

12. $64+28-35=57$, $72+29-44=57$,
$53+37-31=59$

13. $91-24+47=114$, $64-35+83=112$,
$83-56+87=114$

14. $35+57-19=73$, $84-45+34=73$,
$59+43-27=75$

07 집중 연산 ❷　102~103쪽

1. 98

2. $52-21-18=13$

3. $15+38-24=29$

4. $63-25+44=82$

5. 예 $46+19+24=89$

6. $84-39-17=28$

7. $29+34-16=47$

8. $71-33+54=92$

9. 예 $46+47+16=109$

10. $41-13-15=13$

11. $92-58+26=60$

12. $27+45-36=36$

13. 예 $24+49+17=90$

14. $93-36-29=28$

15. $34+37-23=48$

16. $65-18+39=86$

17. $85-49-28=8$
①
②

18. $17+27+46=90$
①
②

19. $73-38+57=92$
①
②

20. $48+35-24=59$
①
②

08 집중 연산 ❸   104~105쪽

1. 71	**2.** 29
3. 81	**4.** 9
5. 57	**6.** 81
7. 36	**8.** 124
9. 67	**10.** 80
11. 82	**12.** 39
13. 100	**14.** 8
15. 86	**16.** 123
17. 49	**18.** 124
19. 38	**20.** 109

3. $27+38+16=81$
65
81

5. $46+39-28=57$
85
57

7. $73+52-89=36$
125
36

8. $84-27+67=124$
57
124

9. $38+74-45=67$
112
67

10. $43-15+52=80$
28
80

11. $66+7+9=82$
73
82

12. $92-47-6=39$
45
39

13. $38+19+43=100$
57
100

14. $73-37-28=8$
36
8

15. $29+73-16=86$
102
86

16. $51-17+89=123$
34
123

17. $34+92-77=49$
126
49

18. $74-35+85=124$
39
124

19. $57+63-82=38$
120
38

20. $32-17+94=109$
15
109

5 곱셈

01 묶어 세기
108~109쪽

1. 6, 8, 10, 12
2. 9, 12, 15
3. 12, 16
4. 18, 24
5. 15, 20
6. 6, 9, 15, 18 ; 18
7. 8, 12, 20, 24 ; 24
8. 18, 27, 36 ; 36
9. 12, 18, 30, 36, 42 ; 42
10. 16, 32, 40, 48 ; 48

02 몇의 몇 배 알아보기
110~111쪽

1. 4
2. 6, 6
3. 4, 4
4. 9, 9
5. 5, 5
6. 7, 7

헤르메스

7. 파란색 색연필이 6자루씩 5묶음입니다.
   ➡ 6의 5배
8. 연필이 8자루씩 3묶음입니다.
   ➡ 8의 3배
9. 테이프가 9개씩 3묶음입니다.
   ➡ 9의 3배
10. 빨간색 색연필이 7자루씩 4묶음입니다.
    ➡ 7의 4배

03 곱셈식 알아보기
112~113쪽

1. 15, 5, 15
2. 20, 4, 20
3. 14, 7, 14
4. 36, 6, 36

5.
| 5의 3배 | ~~3씩 5묶음~~ |
| 5+5+5=15 | 5×3=15 |

6.
~~3+3+3+3+3+3+3=15~~	
3의 7배	3×7=21
	~~3씩 8묶음~~

7.
| 6×5=30 | 6+6+6+6+6=30 |
| 6씩 5묶음 | ~~6의 6배~~ |

8.
| ~~6+6+6+6=18~~ | ~~6×5=30~~ |
| 4의 6배 | 4+4+4+4+4+4=24 |

9.
8의 4배	8×4=32
	~~4+4+4+4=32~~
8+8+8+8=32	

04 곱셈의 활용
114~115쪽

1. 6+6+6+6=24 ; 6×4=24
2. 6+6+6+6+6=30 ; 6×5=30
3. 4+4+4=12 ; 4×3=12
4. 4+4+4+4+4+4=24 ; 4×6=24
5. 9+9+9=27 ; 9×3=27
6. 2+2+2+2+2+2=12 ; 2×6=12
7. 3, 4, 12
8. 6, 3, 6, 18
9. 4, 4, 4, 16
10. 2, 4, 2, 8
11. 3, 5, 3, 15
12. 5, 5, 5, 25
13. 4, 6, 4, 24
14. 7, 6, 7, 42

실천이 말보다 낫다.

05 집중 연산 ❶ 116~117쪽

1.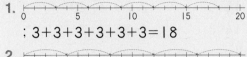
: 3+3+3+3+3+3=18

2. : 4+4+4+4+4=20

3. : 2+2+2+2+2+2+2+2+2=18

4. : 6+6+6+6=24

5. 6   6. 5

7. 3   8. 4

9. 8, 20, 24 ; 7, 7, 28

10. 10, 30, 35, 40 ; 9, 9, 45

11. 12, 30, 36 ; 7, 7, 42

12 14, 28, 35, 49 ; 8, 8, 56

06 집중 연산 ❷ 118~119쪽

1. 7   2. 9
3. 6   4. 7
5. 9   6. 5
7. 5, 6   8. 7, 8
9. 5, 7   10. 9, 7
11. 7 ; 6, 7   12. 9 ; 6, 9
13. 35 ; 5, 35   14. 45 ; 9, 45
15. 48 ; 8, 6, 48   16. 20 ; 4, 5, 20
17. 18 ; 6, 3, 18   18. 32 ; 8, 4, 32
19. 42 ; 7, 6, 42   20. 36 ; 9, 4, 36
21. 15 ; 3, 5, 15   22. 24 ; 8, 3, 24
23. 30 ; 5, 6, 30   24. 16 ; 2, 8, 16

빅터 연산
플러스 알파 120쪽

1. 28, 28   2. 29, 29
3. 45, 45   4. 46, 46

똑똑한 하루 시/리/즈

배우는 즐거움! 쌓이는 기초 실력!

공부 습관을 만들자!
하루 1ㅁ분!

기초 학습능력 강화 프로그램

똑똑한 하루 독해

NEW

쉽다!
어휘력 강화로
쉬운 독해 시작

재미있다!
다양한 소재로
재미있는 독해 공부

똑똑하다!
생활 속 독해와
창의·융합·코딩 게임까지

1 단계 A
예비초~1학년

천재교육

과목	교재 구성	과목	교재 구성
하루 독해	예비초~6학년 각 A·B (14권)	하루 VOCA	3~6학년 각 A·B (8권)
하루 어휘	예비초~6학년 각 A·B (14권)	하루 Grammar	3~6학년 각 A·B (8권)
하루 글쓰기	예비초~6학년 각 A·B (14권)	하루 Reading	3~6학년 각 A·B (8권)
하루 한자	예비초: 예비초 A·B (2권) 1~6학년: 1A~4C (12권)	하루 Phonics	Starter A·B / 1A~3B (8권)
하루 수학	1~6학년 1·2학기 (12권)	하루 봄·여름·가을·겨울	1~2학년 각 2권 (8권)
하루 계산	예비초~6학년 각 A·B (14권)	하루 사회	3~6학년 1·2학기 (8권)
하루 도형	예비초 A·B, 1~6학년 6단계 (8권)	하루 과학	3~6학년 1·2학기 (8권)
하루 사고력	1~6학년 각 A·B (12권)	하루 안전	1~2학년 (2권)

정답은
이안에
있어!

◀